建筑与市政工程施工现场专业人员职业标准培训教材

质量员岗位知识与专业技能（装饰方向）

（第三版）

中国建设教育协会　组织编写
朱吉顶　主　编

中国建筑工业出版社

图书在版编目（CIP）数据

质量员岗位知识与专业技能. 装饰方向 / 中国建设教育协会组织编写；朱吉顶主编. — 3版. — 北京：中国建筑工业出版社，2023.3
建筑与市政工程施工现场专业人员职业标准培训教材
ISBN 978-7-112-28339-2

Ⅰ.①质… Ⅱ.①中…②朱… Ⅲ.①建筑装饰—质量管理—职业培训—教材 Ⅳ.①TU712

中国国家版本馆 CIP 数据核字(2023)第 017611 号

本书主要以装饰装修质量员岗位知识为基础，以质量员的岗位技能为主线，整合了装饰装修质量员的基本岗位要求和必备技能，构建教材结构体系。全书分为十六部分内容，包括：装饰装修相关的管理规定和标准；工程质量管理的基本知识；施工质量计划的内容和编制方法；工程质量控制的方法；装饰装修施工试验的内容、方法和判定标准；装饰装修工程质量问题的分析、预防及处理方法；编制施工项目质量计划；评价装饰装修工程主要材料的质量；判断装饰装修施工试验结果；识读装饰装修工程施工图；确定装饰装修施工质量控制点；编写质量控制措施等质量控制文件，实施质量交底；进行装饰装修工程质量检查、验收、评定；识别质量缺陷，进行分析和处理；参与调查、分析质量事故，提出处理意见；编制、收集、整理质量资料。教材内容与行业需求紧密联系，每一个环节都突出了岗位需求，落实岗位技能。本书着重培养和提高装饰装修质量员的实际运用能力，图文对照，新颖直观，通俗易懂，流程清晰，便于学习。

本书可作为职业院校相关专业的学生、相关岗位的在职人员、转入相关岗位的从业人员的学习培训用书。

责任编辑：葛又畅 李 明 李 杰
责任校对：芦欣甜

建筑与市政工程施工现场专业人员职业标准培训教材
质量员岗位知识与专业技能（装饰方向）
（第三版）
中国建设教育协会 组织编写
朱吉顶 主 编

*

中国建筑工业出版社出版、发行（北京海淀三里河路9号）
各地新华书店、建筑书店经销
北京红光制版公司制版
北京建筑工业印刷厂印刷

*

开本：787毫米×1092毫米 1/16 印张：8¼ 字数：204千字
2023年3月第三版 2023年3月第一次印刷
定价：**29.00**元
ISBN 978-7-112-28339-2
（40686）

版权所有 翻印必究
如有印装质量问题，可寄本社图书出版中心退换
（邮政编码 100037）

建筑与市政工程施工现场专业人员职业标准培训教材编审委员会

主　任：赵　琦　李竹成

副主任：沈元勤　张鲁风　何志方　胡兴福　危道军
　　　　尤　完　赵　研　邵　华

委　员：（按姓氏笔画为序）

王兰英　王国梁　孔庆璐　邓明胜　艾永祥
艾伟杰　吕国辉　朱吉顶　刘尧增　刘哲生
孙沛平　李　平　李　光　李　奇　李　健
李大伟　杨　苗　时　炜　余　萍　沈　汛
宋岩丽　张　晶　张　颖　张亚庆　张晓艳
张悠荣　张燕娜　陈　曦　陈再捷　金　虹
郑华孚　胡晓光　侯洪涛　贾宏俊　钱大治
徐家华　郭庆阳　韩炳甲　鲁　麟　魏鸿汉

出版说明

建筑与市政工程施工现场专业人员队伍素质是影响工程质量和安全生产的关键因素。我国从20世纪80年代开始,在建设行业开展关键岗位培训考核和持证上岗工作。对于提高建设行业从业人员的素质起到了积极的作用。进入21世纪,在改革行政审批制度和转变政府职能的背景下,建设行业教育主管部门转变行业人才工作思路,积极规划和组织职业标准的研发。在住房和城乡建设部人事司的主持下,由中国建设教育协会、苏州二建建筑集团有限公司等单位主编了建设行业的第一部职业标准——《建筑与市政工程施工现场专业人员职业标准》,已由住房和城乡建设部发布,作为行业标准于2012年1月1日起实施。为推动该标准的贯彻落实,进一步编写了配套的14个考核评价大纲。

该职业标准及考核评价大纲有以下特点:(1)系统分析各类建筑施工企业现场专业人员岗位设置情况,总结归纳了8个岗位专业人员核心工作职责,这些职业分类和岗位职责具有普遍性、通用性。(2)突出职业能力本位原则,工作岗位职责与专业技能相互对应,通过技能训练能够提高专业人员的岗位履职能力。(3)注重专业知识的完整性、系统性,基本覆盖各岗位专业人员的知识要求,通用知识具有各岗位的一致性,基础知识、岗位知识能够体现本岗位的知识结构要求。(4)适应行业发展和行业管理的现实需要,岗位设置、专业技能和专业知识要求具有一定的前瞻性、引导性,能够满足专业人员提高综合素质和适应岗位变化的需要。

为落实职业标准,规范建设行业现场专业人员岗位培训工作,我们依据与职业标准相配套的考核评价大纲,组织编写了《建筑与市政工程施工现场专业人员职业标准培训教材》。

本套教材覆盖《建筑与市政工程施工现场专业人员职业标准》涉及的施工员、质量员、安全员、标准员、材料员、机械员、劳务员、资料员8个岗位14个考核评价大纲。每个岗位、专业,根据其职业工作的需要,注意精选教学内容、优化知识结构、突出能力要求,对知识、技能经过合理归纳,编写为《通用与基础知识》和《岗位知识与专业技能》两本,供培训配套使用。本套教材共28本,作者基本都参与了《建筑与市政工程施工现场专业人员职业标准》的编写,使本套教材的内容能充分体现《建筑与市政工程施工现场专业人员职业标准》的要求,促进现场专业人员专业学习和能力的提高。

第三版教材在上版教材的基础上,依据考核评价大纲,总结使用过程中发现的不足之处,参照最新法律法规及现行标准规范,结合"四新"内容,对教材内容进行了调整、修改、补充,使之更加贴近学员需求,方便学员顺利通过培训测试。

我们的编写工作难免存在不足,因此,我们恳请使用本套教材的培训机构、教师和广大学员多提宝贵意见,以便进一步的修订,使其不断完善。

建筑与市政工程施工现场专业人员职业标准培训教材编审委员会

第三版前言

本教材是参照《建筑与市政工程施工现场专业人员职业标准》JGJ/T 250—2011，按照《质量员（装饰装修）考核评价大纲》，结合建筑装饰装修工程技术应用型人才培养的要求，总结编者多年来从事建筑装饰工程的经验，结合行业培训需求和应用型人才培养目标而编写的。本教材以建筑装饰质量员基本的岗位知识和必备的岗位技能为重点，着重对质量员在生产过程中的专业技术和管理要求进行讲解。相信本教材能成为职业院校相关专业的学生、相关岗位的在职人员、转入相关岗位的从业人员进行上岗培训的一本理想参考书。

本教材由中山职业技术学院朱吉顶任主编，负责全书的统稿、修改、定稿；河南工业职业技术学院孙荣荣任副主编，并编写了第一章、第五章、第八章、第九章、第十三章、第十六章；河南工业职业技术学院姚渊源编写了第四章、第六章、第十一章、第十二章、第十四章、第十五章；河南工业职业技术学院卢扬编写了第二章、第三章、第七章、第十章。

由于编者水平有限，书中缺点和错误在所难免，敬请有关专家、同行和广大读者批评指正，以期进一步修改与完善。

第二版前言

本教材是参照《建筑与市政工程施工现场专业人员职业标准》，按照《质量员（装饰装修）考核评价大纲》，结合建筑装饰装修工程技术应用型人才培养的要求，总结编者多年来从事建筑装饰工程的经验，结合行业资格培训需求和应用型人才培养目标而编写的。本书以建筑装饰质量员基本的岗位知识和必备的岗位技能为重点，着重对质量员在生产过程中的专业技术和管理要求进行讲解。相信本书能成为职业院校相关专业的学生、相关岗位的在职人员、转入相关岗位的从业人员进行上岗培训的一本理想参考书。

本教材由中山职业技术学院朱吉顶任主编，负责全书的统稿、修改、定稿，河南工业职业技术学院范国辉任副主编，许志中、孙荣荣、卢扬参加了编写。

由于编者水平有限，书中缺点和错误在所难免，敬请有关专家、同行和广大读者批评指正，以期进一步修改与完善。

第一版前言

本教材是参照《建筑与市政工程施工现场专业人员职业标准》，按照《质量员（装饰装修）考核评价大纲》，结合建筑装饰装修工程技术应用型人才培养的要求，总结编者多年来从事建筑装饰工程的经验，结合行业资格培训需求和应用型人才培养目标而编写的。本书以建筑装饰质量员基本的岗位知识和必备的岗位技能为重点，着重对质量员在生产过程中的专业技术和管理要求进行讲解。相信本书能成为职业院校相关专业的学生、相关岗位的在职人员、转入相关岗位的从业人员进行上岗培训的一本理想参考书。

本教材由河南工业职业技术学院朱吉顶任主编并负责全书的统稿、修改、定稿，范国辉任副主编，许志中、孙荣荣、卢扬参加了编写。

本教材由中国建筑装饰协会培训中心组织审稿，由朱红教授主审。

由于编者水平有限，书中缺点和错误在所难免，敬请有关专家、同行和广大读者批评指正，以期进一步修改与完善。

目 录

上篇 岗位知识 ... 1

一、装饰装修相关的管理规定和标准 ... 1
（一）建设工程质量管理法规、规定 ... 1
（二）建筑工程施工质量验收标准 ... 6

二、工程质量管理的基本知识 ... 21
（一）质量与工程质量管理 ... 21
（二）施工质量保证体系的建立与运行 ... 23
（三）施工企业质量管理体系文件的构成 ... 25
（四）质量管理体系建立 ... 27

三、施工质量计划的内容和编制方法 ... 29
（一）施工质量计划的概念 ... 29
（二）施工质量计划的内容 ... 29
（三）施工质量计划的编制方法 ... 29

四、工程质量控制的方法 ... 31
（一）施工质量控制的基本环节和一般方法 ... 31
（二）施工准备阶段质量控制 ... 33
（三）施工阶段的质量控制 ... 34
（四）设置施工质量控制点的原则和方法 ... 41
（五）确定装饰装修施工质量控制点 ... 44

五、装饰装修施工试验的内容、方法和判定标准 ... 50
（一）外墙饰面砖粘结强度检验 ... 50
（二）饰面板后置埋件现场拉拔检验 ... 51
（三）建筑外门窗气密性、水密性、抗风压性能现场检测 ... 52
（四）水泥混凝土和水泥砂浆强度 ... 53
（五）有防水要求地面蓄水试验、泼水试验 ... 53
（六）幕墙工程施工试验 ... 53

六、装饰装修工程质量问题的分析、预防及处理方法 ... 56
（一）施工质量问题的分类与识别 ... 56
（二）装饰装修过程中常见的质量问题（通病）... 57
（三）形成质量问题的原因分析 ... 57
（四）质量事故处理程序与方法 ... 58
（五）装饰装修质量问题处理 ... 59

下篇　专业技能 80

七、编制施工项目质量计划 80
　　（一）专业技能概述 80
　　（二）工程案例分析 81

八、评价装饰装修工程主要材料的质量 83
　　（一）专业技能概述 83
　　（二）工程案例分析 84

九、判断装饰装修施工试验结果 87
　　（一）专业技能概述 87
　　（二）工程案例分析 87

十、识读装饰装修工程施工图 89
　　（一）专业技能概述 89
　　（二）工程案例分析 91

十一、确定装饰装修施工质量控制点 93
　　（一）专业技能概述 93
　　（二）工程案例分析 93

十二、编写质量控制措施等质量控制文件，实施质量交底 95
　　（一）专业技能概述 95
　　（二）工程案例分析 96

十三、进行装饰装修工程质量检查、验收、评定 99
　　（一）专业技能概述 99
　　（二）工程案例分析 101

十四、识别质量缺陷，进行分析和处理 107
　　（一）专业技能概述 107
　　（二）工程案例分析 108

十五、参与调查、分析质量事故，提出处理意见 115
　　（一）专业技能概述 115
　　（二）工程案例分析 115

十六、编制、收集、整理质量资料 118
　　（一）专业技能概述 118
　　（二）工程案例分析 119

参考文献 122

上篇　岗位知识

一、装饰装修相关的管理规定和标准

(一) 建设工程质量管理法规、规定

1. 质量主体的责任和义务

按照《建设工程质量管理条例》(2000 年 1 月 30 日国务院令第 279 号发布,根据《国务院关于修改部分行政法规的决定》2019 年 4 月 23 日第二次修订) 相关要求,具体如下。

(1) 建设单位的质量责任和义务

1) 应当将工程发包给具有相应资质等级的单位,不得将建设工程肢解发包。

2) 应当依法对工程建设项目的勘察、设计、施工、监理以及与工程建设有关的重要设备、材料等的采购进行招标。

3) 必须向有关的勘察、设计、施工、工程监理等单位提供与建设工程有关的原始资料。

4) 不得迫使承包方以低于成本的价格竞标,不得任意压缩合理工期。

5) 不得明示或者暗示设计单位或者施工单位违反工程建设强制性标准,降低建设工程质量。

6) 施工图设计文件未经审查批准的,不得使用。

7) 实行监理的建设工程,建设单位应当委托具有相应资质等级的工程监理单位进行监理。

8) 建设单位在开工前,应当按照国家有关规定办理工程质量监督手续,工程质量监督手续可以与施工许可证或者开工报告合并办理。

9) 按照合同约定,由建设单位采购建筑材料、建筑构配件和设备的,建设单位应当保证建筑材料、建筑构配件和设备符合设计文件和合同要求,不得明示或者暗示施工单位使用不合格的建筑材料、建筑构配件和设备。

10) 涉及建筑主体和承重结构变动的装修工程,建设单位应当在施工前委托原设计单位或者具有相应资质等级的设计单位提出设计方案;没有设计方案的,不得施工。房屋建筑使用者在装修过程中,不得擅自变动房屋建筑主体和承重结构。

11) 建设单位收到建设工程竣工报告后,应当组织设计、施工、工程监理等有关单位进行竣工验收。建设工程经验收合格的,方可交付使用。并在建设工程竣工验收后,及时向建设行政主管部门或者其他有关部门移交建设项目档案。

(2) 勘察、设计单位的质量责任和义务

1) 从事建设工程勘察、设计的单位应当依法取得相应等级的资质证书，并在其资质等级许可的范围内承揽工程。勘察、设计单位不得转包或者违法分包所承揽的工程。

2) 必须按照工程建设强制性标准进行勘察、设计，并对其勘察、设计的质量负责。注册建筑师、注册结构工程师等注册执业人员应当在设计文件上签字，对设计文件负责。

3) 勘察单位提供的地质、测量、水文等勘察成果必须真实、准确。

4) 设计单位应当根据勘察成果文件进行建设工程设计，应当符合国家规定的设计深度要求，注明工程合理使用年限。

5) 设计单位在设计文件中选用的建筑材料、建筑构配件和设备，应当注明规格、型号、性能等技术指标，其质量要求必须符合国家规定的标准。除有特殊要求的建筑材料、专用设备、工艺生产线等外，设计单位不得指定生产厂、供应商。

6) 设计单位应当就审查合格的施工图设计文件向施工单位作出详细说明。

7) 设计单位应当参与建设工程质量事故分析，并对因设计造成的质量事故，提出相应的技术处理方案。

(3) 施工单位的质量责任和义务

1) 施工单位应当依法取得相应等级的资质证书，并在其资质等级许可的范围内承揽工程。禁止施工单位允许其他单位或者个人以本单位的名义承揽工程。不得转包或者违法分包工程。

2) 施工单位对建设工程的施工质量负责，应当建立质量责任制，确定工程项目的项目经理、技术负责人和施工管理负责人。建设工程实行总承包的，总承包单位应当对全部建设工程质量负责。

3) 总承包单位依法将建设工程分包给其他单位的，分包单位应当按照分包合同的约定对其分包工程的质量向总承包单位负责，总承包单位与分包单位对分包工程的质量承担连带责任。

4) 施工单位必须按照工程设计图纸和施工技术标准施工，不得擅自修改工程设计，不得偷工减料。施工单位在施工过程中发现设计文件和图纸有差错的，应当及时提出意见和建议。

5) 施工单位必须按照工程设计要求、施工技术标准和合同约定，对建筑材料、建筑构配件、设备和商品混凝土进行检验，检验应当有书面记录和专人签字；未经检验或者检验不合格的，不得使用。

6) 施工单位必须建立、健全施工质量的检验制度，严格工序管理，做好隐蔽工程的质量检查和记录。在隐蔽工程隐蔽前，施工单位应当通知建设单位和建设工程质量监督机构。

7) 施工单位对涉及结构安全的试块、试件以及有关材料，应当在建设单位或者工程监理单位监督下现场取样，并送具有相应资质等级的质量检测单位进行检测。

8) 施工单位对施工中出现质量问题的建设工程或者竣工验收不合格的建设工程，应当负责返修。

9) 施工单位应当建立、健全教育培训制度，加强对职工的教育培训；未经教育培训或者考核不合格的人员，不得上岗作业。

(4) 工程监理单位的质量责任和义务

1) 工程监理单位应当依法取得相应等级的资质证书,并在其资质等级许可的范围内承担工程监理业务。禁止工程监理单位允许其他单位或者个人以本单位的名义承担工程监理业务,不得转让工程监理业务。

2) 工程监理单位与被监理工程的施工承包单位以及建筑材料、建筑构配件和设备供应单位有隶属关系或者其他利害关系的,不得承担该项建设工程的监理业务。

3) 工程监理单位应当依照法律、法规以及有关技术标准、设计文件和建设工程承包合同,代表建设单位对施工质量实施监理,并对施工质量承担监理责任。

4) 工程监理单位应当选派具备相应资格的总监理工程师和监理工程师进驻施工现场。未经监理工程师签字,建筑材料、建筑构配件和设备不得在工程上使用或者安装,施工单位不得进行下一道工序的施工。未经总监理工程师签字,建设单位不拨付工程款,不进行竣工验收。

5) 工程监理单位应当按照工程监理规范的要求,采取旁站、巡视和平行检验等形式,对建设工程实施监理。

2. 实施工程建设强制性标准监督检查的内容、方式及违规处罚的规定

按照《实施工程建设强制性标准监督规定》(建设部令第 81 号),根据住房和城乡建设部令第 23 号修改,具体规定如下。

(1) 强制性标准监督检查的内容、方式

1) 有关工程技术人员是否熟悉、掌握强制性标准;

2) 工程项目的规划、勘察、设计、施工及验收等是否符合强制性标准的规定;

3) 工程项目采用的材料、设备是否符合强制性标准的规定;

4) 工程项目的安全、质量管理是否符合强制性标准的规定;

5) 工程中采用的导则、指南、手册、计算机软件的内容是否符合强制性标准的规定;

6) 工程建设标准批准部门应当对工程项目执行强制性标准情况进行监督检查。监督检查可以采取重点检查、抽查和专项检查的方式。

(2) 强制性标准监督检查的方式

1) 建设项目规划审查机关应当对工程建设规划阶段执行强制性标准的情况实施监督。

2) 施工图设计文件审查单位应当对工程建设勘察、设计阶段执行强制性标准的情况实施监督。

3) 建筑安全监督管理机构应当对工程建设施工阶段执行施工安全强制性标准的情况实施监督。

4) 工程质量监督机构应当对工程建设施工、监理、验收等阶段执行强制性标准的情况实施监督。

5) 工程建设标准批准部门应当定期对建设项目规划审查机关、施工图设计文件审查单位、建筑安全监督管理机构、工程质量监督机构实施强制性标准的监督进行检查,对监督不力的单位和个人,给予通报批评,建议有关部门处理。

6) 工程建设标准批准部门应当对工程项目执行强制性标准情况进行监督检查。监督检查可以采取重点检查、抽查和专项检查的方式。

(3) 强制性标准监督检查和违规处罚的规定

1) 建设单位有下列行为：明示或者暗示施工单位使用不合格的建筑材料、建筑构配件和设备的；明示或者暗示设计单位或者施工单位违反工程建设强制性标准、降低工程质量的。责令改正，并处以 20 万元以上 50 万元以下的罚款。

2) 勘察、设计单位违反工程建设强制性标准进行勘察、设计的，责令改正，并处以 10 万元以上 30 万元以下的罚款。有前款行为，造成工程质量事故的，责令停业整顿，降低资质等级；情节严重的，吊销资质证书；造成损失的，依法承担赔偿责任。

3) 施工单位违反工程建设强制性标准的，责令改正，处工程合同价款 2% 以上 4% 以下的罚款；造成建设工程质量不符合规定的质量标准的，负责返工、修理，并赔偿因此造成的损失；情节严重的，责令停业整顿，降低资质等级或者吊销资质证书。

4) 工程监理单位违反强制性标准规定，将不合格的建设工程以及建筑材料、建筑构配件和设备按照合格签字的，责令改正，处 50 万元以上 100 万元以下的罚款，降低资质等级或者吊销资质证书；有违法所得的，予以没收；造成损失的，承担连带赔偿责任。

5) 违反工程建设强制性标准造成工程质量、安全隐患或者工程质量安全事故的，按照《建设工程质量管理条例》《建设工程勘察设计管理条例》和《建设工程安全生产管理条例》的有关规定进行处罚。

6) 有关责令停业整顿、降低资质等级和吊销资质证书的行政处罚，由颁发资质证书的机关决定；其他行政处罚，由住房城乡建设主管部门或者有关主管部门依照法定职权决定。

7) 住房城乡建设主管部门和有关主管部门工作人员，玩忽职守、滥用职权、徇私舞弊的，给予行政处分；构成犯罪的，依法追究刑事责任。

3. 房屋建筑工程和市政基础设施工程竣工验收备案管理的规定

原规定于 2000 年 4 月 4 日以建设部令第 78 号发布，根据 2009 年 10 月 19 日《住房和城乡建设部关于修改〈房屋建筑工程和市政基础设施工程竣工验收备案管理暂行办法〉的决定》（文号）修正，具体如下。

(1) 建设单位办理工程竣工验收备案应当提交的文件

1) 工程竣工验收备案表；

2) 工程竣工验收报告。竣工验收报告应当包括工程报建日期，施工许可证号，施工图设计文件审查意见，勘察、设计、施工、工程监理等单位分别签署的质量合格文件及验收人员签署的竣工验收原始文件，市政基础设施的有关质量检测和功能性试验资料以及备案机关认为需要提供的有关资料；

3) 法律、行政法规规定应当由规划、环保等部门出具的认可文件或者准许使用文件；

4) 法律规定应当由公安消防部门出具的对大型人员密集场所和其他特殊建设工程验收合格的证明文件；

5) 施工单位签署的工程质量保修书；

6) 法规、规章规定必须提供的其他文件；

7) 住宅工程还应当提交《住宅质量保证书》和《住宅使用说明书》。

(2) 工程竣工验收备案的其他规定

1) 建设单位应当自工程竣工验收合格之日起 15 日内，依照本办法规定，向工程所在地的县级以上地方人民政府建设主管部门（以下简称备案机关）备案。

2) 工程质量监督机构应当在工程竣工验收之日起 5 日内，向备案机关提交工程质量监督报告。

3) 备案机关发现建设单位在竣工验收过程中有违反国家有关建设工程质量管理规定行为的，应当在收讫竣工验收备案文件 15 日内，责令停止使用，重新组织竣工验收。

4) 建设单位在工程竣工验收合格之日起 15 日内未办理工程竣工验收备案的，备案机关责令限期改正，处 20 万元以上 50 万元以下罚款。

5) 建设单位将备案机关决定重新组织竣工验收的工程，在重新组织竣工验收前，擅自使用的，备案机关责令停止使用，处工程合同价款 2% 以上 4% 以下罚款。

6) 备案机关决定重新组织竣工验收并责令停止使用的工程，建设单位在备案之前已投入使用或者建设单位擅自继续使用造成使用人损失的，由建设单位依法承担赔偿责任。

4. 房屋建筑工程质量保修范围、保修期限和违规处罚的规定

《房屋建筑工程质量保修办法》（建设部令第 80 号），具体要求如下。

（1）房屋建筑工程质量保修范围、保修期限

1) 房屋建筑工程保修期从工程竣工验收合格之日起计算；
2) 地基基础工程和主体结构工程，为设计文件规定的该工程的合理使用年限；
3) 屋面防水工程、有防水要求的卫生间、房间和外墙面的防渗漏，为 5 年；
4) 供热与供冷系统，为 2 个供暖期、供冷期；
5) 电气管线、给水排水管道、设备安装为 2 年；
6) 装修工程为 2 年；
7) 其他项目的保修期限由建设单位和施工单位约定。

因使用不当或者第三方造成的质量缺陷，不可抗力造成的质量缺陷，不属于规定的保修范围。

（2）房屋建筑工程质量保修违规处罚

施工单位有下列行为之一的，由建设行政主管部门责令改正，并处 1 万元以上 3 万元以下的罚款：

1) 工程竣工验收后，不向建设单位出具质量保修书的；
2) 质量保修的内容、期限违反本办法规定的。

施工单位不履行保修义务或者拖延履行保修义务的，由建设行政主管部门责令改正，处 10 万元以上 20 万元以下的罚款。

5. 建设工程质量检测的有关规定

根据《建设工程质量检测管理办法》（2022 年 12 月 29 日住房和城乡建设部令第 57 号）、《建设工程质量检测机构资质标准》（征求意见稿），有关检测机构资质和涉及建筑装饰装修的检测项目具体如下。

（1）检测机构资质

检测机构资质分为综合类资质、专项类资质。综合类资质是指包括全部专项类资质的

检测机构资质。专项类资质包括建筑材料及构配件、主体结构及装饰装修、钢结构、地基基础、建筑节能、建筑幕墙、市政工程材料、道路工程、桥梁及地下工程等9个检测机构专项资质。

(2) 涉及建筑装饰装修的检测项目

1) 建筑材料及构配件检测专项

主要检测项目：水泥，钢筋（含焊接与机械连接），骨料/集料，砖、砌块、瓦、墙板，防水材料，混凝土及拌合用水，混凝土外加剂，混凝土掺合料，砂浆，塑料及金属管材，预制混凝土构件，瓷砖及石材，铝塑复合板，木材料及构配件等。

2) 主体结构及装饰装修检测专项

主要检测项目：混凝土结构构件强度、砌体结构构件强度现场检测，钢筋及保护层厚度检测，植筋锚固力检验，实体位置与尺寸偏差检测（涵盖砌体、混凝土、木结构），表观及内部缺陷，装配式混凝土结构节点，结构构件性能试验（涵盖砌体、混凝土、木结构），木结构，建筑防雷，装饰装修工程，室内环境污染物，材料的有害物质等。

3) 建筑节能检测专项

主要检测项目：保温、绝热材料，粘接材料，增强加固材料，保温砂浆，抹面材料，隔热型材，反射隔热材料，保温复合板，建筑外窗，节能工程现场检测等。

4) 建筑幕墙检测专项

主要检测项目：结构密封胶，幕墙玻璃，幕墙等。

（二）建筑工程施工质量验收标准

1. 建筑工程质量验收的划分、合格判定以及质量验收的程序和组织的要求

(1)《建筑工程施工质量验收统一标准》GB 50300—2013，验收基本要求如下：

3.0.6 建筑工程施工质量应按下列要求进行验收：

1 工程质量验收均应在施工单位自检合格的基础上进行；

2 参加工程施工质量验收的各方人员应具备相应的资格；

3 检验批的质量应按主控项目和一般项目验收；

4 对涉及结构安全、节能、环境保护和主要使用功能的试块、试件及材料，应在进场时或施工中按规定进行见证检验；

5 隐蔽工程在隐蔽前应由施工单位通知监理单位进行验收，并应形成验收文件，验收合格后方可继续施工；

6 对涉及结构安全、节能、环境保护和使用功能的重要分部工程，应在验收前按规定进行抽样检验；

7 工程的观感质量应由验收人员现场检查，并应共同确认。

(2)《建筑工程施工质量验收统一标准》GB 50300—2013，建筑工程质量验收合格判定如下：

5.0.1 检验批质量验收合格应符合下列规定：

1 主控项目的质量经抽样检验均应合格；

2 一般项目的质量经抽样检验合格。当采用计数抽样时，合格点率应符合有关专业验收规范的规定，且不得存在严重缺陷。对于计数抽样的一般项目，正常检验一次，二次抽样可按本标准附录D判定；

3 具有完整的施工操作依据、质量验收记录。

5.0.2 分项工程质量验收合格应符合下列规定：

1 所含检验批的质量均应验收合格；

2 所含检验批的质量验收记录应完整。

5.0.3 分部工程质量验收合格应符合下列规定：

1 所含分项工程的质量均应验收合格；

2 质量控制资料应完整；

3 有关安全、节能、环境保护和主要使用功能的抽样检验结果应符合相应规定；

4 观感质量应符合要求。

5.0.4 单位工程质量验收合格应符合下列规定：

1 所含分部工程的质量均应验收合格；

2 质量控制资料应完整；

3 所含分部工程中有关安全、节能、环境保护和主要使用功能的检验资料应完整；

4 主要使用功能的抽查结果应符合相关专业验收规范的规定；

5 观感质量应符合要求。

(3)《建筑工程施工质量验收统一标准》GB 50300—2013，建筑工程质量验收的程序和组织如下：

6.0.1 检验批应由专业监理工程师组织施工单位项目专业质量检查员、专业工长等进行验收。

6.0.2 分项工程应由专业监理工程师组织施工单位项目专业技术负责人等进行验收。

6.0.3 分部工程应由总监理工程师组织施工单位项目负责人和项目技术、质量负责人等进行验收。勘察、设计单位项目负责人和施工单位技术、质量部门负责人应参加地基与基础分部工程的验收。设计单位项目负责人和施工单位技术、质量部门负责人应参加主体结构、节能分部工程的验收。

6.0.5 单位工程完工后，施工单位应组织有关人员进行自检。总监理工程师应组织各专业监理工程师对工程质量进行竣工预验收。存在施工质量问题时，应由施工单位及时整改。整改完毕后，由施工单位向建设单位提交工程竣工报告，申请工程竣工验收。

6.0.6 建设单位收到工程竣工报告后，应由建设单位项目负责人组织监理、施工、设计、勘察等单位项目负责人进行单位工程验收。

2. 一般装饰装修工程质量验收的要求

(1)《建筑装饰装修工程质量验收标准》GB 50210—2018，其强制性条文如下：

3.1.4 既有建筑装饰装修工程设计涉及主体和承重结构变动时，必须在施工前委托原结构设计单位或者具有相应资质条件的设计单位提出设计方案，或由检测鉴定单位对建筑结构的安全性进行鉴定。

6.1.11 建筑外门窗安装必须牢固。在砌体上安装门窗严禁采用射钉固定。

6.1.12 推拉门窗扇必须牢固，必须安装防脱落装置。

7.1.12 重型设备和有振动荷载的设备严禁安装在吊顶工程的龙骨上。

11.1.12 幕墙与主体结构连接的各种预埋件，其数量、规格、位置和防腐处理必须符合设计要求。

（2）《建筑装饰装修工程质量验收标准》GB 50210—2018 质量验收的要求

1）承担建筑装饰装修工程施工的单位应具备相应的资质，并应建立质量管理体系。施工单位应编制施工组织设计并应经过审查批准。施工单位应按有关的施工工艺标准或经审定的施工技术方案施工，并应对施工全过程实行质量控制。

2）承担建筑装饰装修工程施工的人员应有相应岗位的资格证书。

3）建筑装饰装修工程的施工质量应符合设计要求和本规范的规定，由于违反设计文件和本规范的规定施工造成的质量问题应由施工单位负责。

4）建筑装饰装修工程施工中，严禁违反设计文件擅自改动建筑主体、承重结构或主要使用功能；严禁未经设计确认和有关部门批准擅自拆改水、暖、电、燃气、通信等配套设施。

5）施工单位应遵守有关环境保护的法律法规，并应采取有效措施控制现场的各种粉尘、废气、废弃物、噪声、振动等对周围环境造成的污染和危害。

6）施工单位应遵守有关施工安全、劳动保护、防火和防毒的法律法规，应建立相应的管理制度，并应配备必要的设备、器具和标识。

7）建筑装饰装修工程应在基体或基层的质量验收合格后施工。对既有建筑进行装饰装修前，应对基层进行处理并达到本规范的要求。

8）建筑装饰装修工程施工前应有主要材料的样板或做样板间（件），并应经有关各方确认。

9）墙面采用保温材料的建筑在装饰装修前，应对基层进行处理并达到本规范的要求。

10）管道、设备等安装及调试应在建筑装饰装修工程施工前完成，当必须同步进行时，应在饰面层施工前完成。装饰装修工程不得影响管道、设备等的使用和维修。涉及燃气管道和电气工程的建筑装饰装修工程必须符合有关安全管理的规定。

11）建筑装饰装修工程的电器安装应符合设计要求和国家现行标准的规定。严禁不经穿管直接埋设电线。

12）室内外装饰装修工程施工的环境条件应满足施工工艺的要求。施工环境温度不应低于5℃。当必须在低于5℃的气温下施工时，应采取保证工程质量的有效措施。

13）建筑装饰装修工程施工过程中应做好半成品、成品的保护，防止污染和损坏。

14）建筑装饰装修工程验收前应将施工现场清理干净。

3. 铝合金门窗工程施工及验收的要求

《铝合金门窗工程设计、施工及验收规范》DBJ 15—30—2002，其中强制性条文如下：

3.2.2 铝门窗主型材壁厚应经计算或试验确定，其中门型材截面主要受力部位最小实测壁厚应不小于2.0mm，窗型材截面主要受力部位最小实测壁厚应不小于1.4mm。

3.7.1 与铝门窗框扇型材连接用的紧固件应采用不锈钢件，不得采用铝及铝合金抽芯铆钉做门窗构件受力连接紧固件。

4.2 抗风压性能设计

4.2.1 作用于建筑外门窗上的风荷载，为现行国家标准《建筑结构荷载规范》GB 50009 规定的围护结构风荷载标准值，按下式计算，且不应小于 $1.0kN/m^2$。

$$\omega_k = \beta_z \mu_s \mu_z \omega_0 \qquad (4.2.1\text{-}1)$$

式中 ω_k——围护结构风荷载标准值（kN/m^2）；

β_z——高度 z 处的阵风系数，按《建筑结构荷载规范》GB 50009 采用；

μ_s——风荷载本型系数，按《建筑结构荷载规范》GB 50009 7.3.3 局部风压体型系数的规定采用。当建筑物进行了风洞试验时，可根据风洞试验结果确定；

μ_z——风压高度变化系数，按《建筑结构荷载规范》GB 50009 的规定采用；

ω_0——基本风压（kN/m^2），按《建筑结构荷载规范》GB 50009 的规定采用。

4.2.4 门窗构件由风荷载作用力产生的最大挠度值应满足下式要求，并且应同时满足绝对挠度值不大于 15mm：

$$u_{\max} \leqslant [u] \qquad (4.2.4)$$

式中 $u_{\max}$——构件弯曲最大挠度值；

$[u]$——构件弯曲允许挠度值，门窗镶嵌单层玻璃时：$[u]=1/120$；门窗镶嵌夹层玻璃、中空玻璃时：$[u]=1/180$。

4.9 防雷设计

4.9.1 建筑外窗的防雷设计，应符合现行国家标准《建筑物防雷设计规范》GB 50057 的规定。一、二、三类防雷建筑物，其建筑高度分别在 30、45、60m 及以上的外墙窗户，应采取防侧击和等电位保护措施，与建筑物防雷装置进行连接。

4.10 其他安全性设计

4.10.1 开启门扇和固定门以及落地窗玻璃，必须符合现行行业标准《建筑玻璃应用技术规程》JGJ 113 中的人体冲击安全规定。在人流出入较多，可能产生拥挤和儿童集中的公共场所的门和落地窗，必须采用钢化玻璃或夹层玻璃等安全玻璃。

4.10.3 推拉窗用于外墙时，必须有防止窗扇在负风压下向室外脱落的装置。

4.10.7 无室外阳台的外窗台距室内地面高度小于 0.9m，必须采用安全玻璃并加设可靠的防护措施。窗台高度低于 0.6m 的凸窗，其计算高度应从窗台面开始计算。

4. 建筑幕墙工程施工质量验收的要求

《金属与石材幕墙工程技术规范》JGJ 133—2001，其中强制性条文如下：

3.2.2 花岗石板材的弯曲强度应经法定检测机构检测确定，其弯曲强度不应小于 8.0MPa。

3.5.2 同一幕墙工程应采用同一品牌的单组分或双组分的硅酮结构密封胶，并应有保质年限的质量证书。用于石材幕墙的硅酮结构密封胶还应有证明无污染的试验报告。

3.5.3 同一幕墙工程应采用同一品牌的硅酮结构密封胶和硅酮耐候密封胶配套使用。

4.2.3 幕墙构架的立柱与横梁在风荷载标准值作用下，钢型材的相对挠度不应大于 1/300，绝对挠度不应大于 15mm；铝合金型材的相对挠度不应大于 1/180，绝对挠度不应大于 20mm。

4.2.4 幕墙在风荷载标准值除以阵风系数后的风荷载值作用下,不应发生雨水渗漏。其雨水渗漏性能应符合设计要求。

5.2.3 作用于幕墙上的风荷载标准值应按下式计算,且不应小于 $1.0 kN/m^2$。

$$\omega_k = \beta_{gz}\mu_z\mu_s\omega_0 \tag{5.2.3}$$

式中 ω_k——作用于幕墙上的风荷载标准值(kN/m^2);

β_{gz}——阵风系数,可取 2.25;

μ_s——风荷载体型系数。竖直幕墙外表面可按±1.5采用,斜幕墙风荷载体型系数可根据实际情况,按现行国家标准《建筑结构荷载规范》GB 50009 的规定采用。当建筑物进行了风洞试验时,幕墙的风荷载体型系数可根据风洞试验结果确定;

μ_z——风压高度变化系数,应按现行国家标准《建筑结构荷载规范》GB 50009 的规定采用;

ω_0——基本风压(kN/m^2),应根据按现行国家标准《建筑结构荷载规范》GB 50009 的规定采用。

5.5.2 钢销式石材幕墙可在非抗震设计或 6 度、7 度抗震设计幕墙中应用,幕墙高度不宜大于 20m,石板面积不宜大于 $1.0m^2$。钢销和连接板应采用不锈钢。连接板截面尺寸不宜小于 40mm×4mm。钢销与孔的要求应符合本规范的规定。

5.6.6 横梁应通过角码、销钉或螺栓与立柱连接,角码应能承受横梁的剪力。螺钉直径不得小于 4mm,每处连接螺钉数量不应少于 3 个,螺栓不应少于 2 个。横梁与立柱之间应有一定的相对位移能力。

5.7.2 上下立柱之间应有不小于 15mm 的缝隙,并应采用芯柱连接。芯柱总长度不应小于 400mm。芯柱与立柱应紧密接触。芯柱与下柱之间应采用不锈钢螺栓固定。

5.7.11 立柱应采用螺栓与角码连接,并通过角码与预埋件或钢构件连接。螺栓直径不应小于 10mm,连接螺栓应按现行国家标准《钢结构设计标准》GB 50017—2017 进行承载力计算。立柱与角码采用不同金属材料时应采用绝缘垫片分隔。

6.1.3 用硅酮结构密封胶黏结固定构件时,注胶应在温度15℃以上30℃以下,相对湿度 50%以上,且洁净、通风的室内进行,胶的宽度、厚度应符合设计要求。

6.3.2 钢销式安装的石板加工应符合下列规定:

1 钢销的孔位应根据石板的大小而定。孔位距离边端不得小于石板厚度的 3 倍,也不得大于 180mm;钢销间距不宜大于 600mm;边长不大于 1.0m 时每边应设两个钢销,边长大于 1.0m 时应采用复合连接。

2 石板的钢销孔的深度宜为 22~33mm,孔的直径宜为 7mm 或 8mm,钢销直径宜为 5mm 或 6mm,钢销长度宜为 20~30mm。

3 石板的钢销孔处不得有损坏或崩裂现象,孔径内应光滑、洁净。

6.5.1 金属与石材幕墙构件应按同一种类构件的 5%进行抽样检查,且每种构件不得少于 5 件。当有一个构件抽检不符合上述规定时,应加倍抽样复验,全部合格后方可出厂。

7.2.4 金属、石材幕墙与主体结构连接的预埋件,应在主体结构施工时按设计要求埋设。预埋件应牢固,位置准确,预埋件的位置误差应按设计要求进行复查。当设计无明确要求时，预埋件的标高偏差不应大于 10mm，预埋件位置差不应大于 20mm。

7.3.4 金属板与石板安装应符合下列规定：

1 应对横竖连接件进行检查、测量、调整。

2 金属板、石板安装时，左右、上下的偏差不应大于 1.5mm。

3 金属板、石板空缝安装时，必须有防水措施，并应有符合设计要求的排水出口。

4 填充硅酮耐候密封胶时，金属板、石板缝的宽度、厚度应根据硅酮耐候密封胶的技术参数，经计算后确定。

7.3.10 幕墙安装施工应对下列项目进行验收：

1 主体结构与立柱、立柱与横梁连接节点安装及防腐处理。

2 幕墙的防火、保温安装。

3 幕墙的伸缩缝、沉降缝、防震缝及阴阳角的安装。

4 幕墙的防雷节点的安装。

5 幕墙的封口安装。

《玻璃幕墙工程技术规范》JGJ 102—2003，其中强制性条文如下：

3.1.4 隐框和半隐框玻璃幕墙，其玻璃与铝型材的粘结必须采用中性硅酮结构密封胶；全玻幕墙和点支承幕墙采用镀膜玻璃时，不应采用酸性硅酮结构密封胶粘结。

3.1.5 硅酮结构密封胶和硅酮建筑密封胶必须在有效期内使用。

3.6.2 硅酮结构密封胶使用前，应经国家认可的检测机构进行与其相接触材料的相容性和剥离粘结性试验，并应对邵氏硬度、标准状态拉伸粘结性能进行复验。检验不合格的产品不得使用。进口硅酮结构密封胶应具有商检报告。

4.4.4 人员流动密度大、青少年或幼儿活动的公共场所以及使用中容易受到撞击的部位，其玻璃幕墙应采用安全玻璃；对使用中容易受到撞击的部位，尚应设置明显的警示标志。

5.1.6 幕墙结构构件应按下列规定验算承载力和挠度：

1 无地震作用效应组合时，承载力应符合下式要求：

$$\gamma_0 S \leqslant R \quad (5.1.6-1)$$

2 有地震作用效应组合时，承载力应符合下式要求：

$$S_E \leqslant R/\gamma_{RE} \quad (5.1.6-2)$$

式中 S——荷载效应按基本组合的设计值；

S_E——地震作用效应和其他荷载效应按基本组合的设计值；

R——构件抗力设计值；

γ_0——结构构件重要性系数，应取不小于 1.0；

γ_{RE}——结构构件承载力抗震调整系数，应取 1.0。

3 挠度应符合下式要求：

$$d_f \leqslant d_{f,\lim} \quad (5.1.6-3)$$

式中 d_f——构件在风荷载标准值或永久荷载标准值作用下产生的挠度值；

$d_{f,\lim}$——构件挠度限值。

4 双向受弯的杆件，两个方向的挠度应分别符合本条第 3 款的规定。

5.5.1 主体结构或结构构件，应能够承受幕墙传递的荷载和作用。连接件与主体结构的锚固承载力设计值应大于连接件本身的承载力设计值。

5.6.2 硅酮结构密封胶应根据不同的受力情况进行承载力极限状态验算。在风荷载、水平地震作用下，硅酮结构密封胶的拉应力或剪应力设计值不应大于其强度设计值 f_1，f_1 应取 $0.2N/mm^2$；在永久荷载作用下，硅酮结构密封胶的拉应力或剪应力设计值不应大于其强度设计值 f_2，f_2 应取 $0.01N/mm^2$。

6.2.1 横梁截面主要受力部位的厚度，应符合下列要求：

1 截面自由挑出部位（图 1-1a）和双侧加劲部位（图 1-1b）的宽厚比 b_0/t 应符合表 6.2.1 的要求。

横梁截面宽厚比 b_0/t 限值　　　　表 6.2.1

截面部位	铝型材				钢型材	
	6063-T5 6061-T4	6063A-T5	6063-T6 6063A-T6	6061-T6	Q235	Q345
自由挑出	17	15	13	12	15	12
双侧加劲	50	45	40	35	40	33

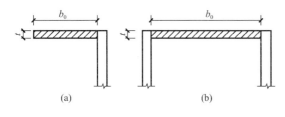

图 1-1 横梁的截面部位示意

2 当横梁跨度不大于 1.2m 时，铝合金型材截面主要受力部位的厚度不应小于 2.0mm；当横梁跨度大于 1.2m 时，其截面主要受力部位的厚度不应小于 2.5mm。型材孔壁与螺钉之间直接采用螺纹受力连接时，其局部截面厚度不应小于螺钉的公称直径。

3 钢型材截面主要受力部位的厚度不应小于 2.5mm。

6.3.1 立柱截面主要受力部位的厚度，应符合下列要求：

1 铝型材截面开口部位的厚度不应小于 3.0mm，闭口部位的厚度不应小于 2.5mm；型材孔壁与螺钉之间直接采用螺纹受力连接时，其局部厚度尚不应小于螺钉的公称直径。

2 钢型材截面主要受力部位的厚度不应小于 3.0mm。

3 对偏心受压立柱，其截面宽厚比应符合本规范第 6.2.1 条的相应规定。

7.1.6 全玻幕墙的板面不得与其他刚性材料直接接触。板面与装修面或结构面之间的空隙不应小于 8mm，且应采用密封胶密封。

7.3.1 全玻幕墙玻璃肋的截面厚度不应小于 12mm，截面高度不应小于 100mm。

7.4.1 采用胶缝传力的全玻幕墙，其胶缝必须采用硅酮结构密封胶。

8.1.2 采用浮头式连接件的幕墙玻璃厚度不应小于 6mm；采用沉头式连接件的幕墙玻璃厚度不应小于 8mm。安装连接件的夹层玻璃和中空玻璃，其单片厚度也应符合上述要求。

8.1.3 玻璃之间的空隙宽度不应小于 10mm，且应采用硅酮建筑密封胶嵌缝。

9.1.4 除全玻幕墙外，不应在现场打注硅酮结构密封胶。

10.7.4 当高层建筑的玻璃幕墙安装与主体结构施工交叉作业时，在主体结构的施工层下方应设置防护网；在距离地面约 3m 高度处，应设置挑出宽度不小于 6m 的水平防护网。

5. 屋面及防水工程施工质量验收要求

《屋面工程质量验收规范》GB 50207—2012，其中强制性条文如下：

3.0.6 屋面工程所用的防水、保温材料应有产品合格证书和性能检测报告，材料品种、规格、性能等应符合现行国家产品标准和设计要求。产品质量应由经过省级以上建设行政主管部门对其资质认可和质量技术监督部门对其计量认证的质量检测单位进行检测。

3.0.12 屋面防水工程完工后，应进行观感质量检查和雨后观察或淋水、蓄水试验，不得有渗漏和积水现象。

5.1.7 保温材料的导热系数、表观密度或干密度、抗压强度或压缩强度、燃烧性能，必须符合设计要求。

7.2.7 瓦片必须铺置牢固。在大风及地震设防地区或屋面坡度大于100%时，应按设计要求采取固定加强措施。

6. 建筑地面工程施工质量验收的要求

《建筑地面工程施工质量验收规范》GB 50209—2010，其中强制性条文如下：

3.0.3 建筑地面工程采用的材料或产品应符合设计要求和国家现行有关标准的规定。无国家现行标准的，应具有省级住房和城乡建设行政主管部门的技术认可文件。材料或产品进场时还应符合下列规定：应有质量合格证明文件；应对型号、规格、外观等进行验收，对重要材料或产品应抽样进行复验。（说明：主要是控制进场材料质量，提出建筑地面工程的所有材料和产品均应有质量合格证明文件，以防假冒产品，并强调按规定抽样复检和做好检验记录，严把材料进场的质量关。为配合推动建筑新材料、新技术的发展，规定暂时没有国家现行标准的建筑地面材料或产品也可进场使用，但必须持有建筑地面工程所在地的省级住房和城乡建设行政主管部门的技术认可文件。文中所提"质量合格证明文件"是指：随同进场材料或产品一同提供的、有效的中文质量状况证明文件。通常包括型式检验报告、出厂检验报告、出厂合格证等。进口产品还应包括出入境商品检验合格证书。）

3.0.5 厕浴间和有防滑要求的建筑地面应符合设计防滑要求。（说明：以满足厕浴间和有防滑要求的建筑地面的使用功能要求，防止使用时对人体造成伤害。当设计要求进行抗滑检测时，可参照建筑工业产品行业标准《人行路面砖抗滑性检测方法》的规定执行。）

3.0.18 厕浴间、厨房和有排水（或其他液体）要求的建筑地面面层与相连接各类面层的标高差应符合设计要求。（说明：强调相邻面层的标高差的重要性和必要性，以防止有排水的建筑地面面层上的水倒泄入相邻面层，影响正常使用。）

4.9.3 有防水要求的建筑地面工程，铺设前必须对立管、套管和地漏与楼板节点之间进行密封处理，并应进行隐蔽验收；排水坡度应符合设计要求。（说明：是针对有防、排水要求的建筑地面工程作出的规定，以免渗漏和积水等缺陷。）

4.10.11 厕浴间和有防水要求的建筑地面必须设置防水隔离层。楼层结构必须采用现浇混凝土或整块预制混凝土板，混凝土强度等级不应小于C20；房间的楼板四周除门洞外应做混凝土翻边，高度不应小于200mm，宽同墙厚，混凝土强度等级不应小于C20。

施工时结构层标高和预留孔洞位置应准确,严禁乱凿洞。(说明:为了防止厕浴间和有防水要求的建筑地面发生渗漏,对楼层结构提出了确保质量的规定,并提出了检验方法、检查数量。)

检验方法:观察和钢尺检查。

检查数量:按本规范第 3.0.21 条规定的检验批检查。

4.10.13 防水隔离层严禁渗漏,排水的坡向应正确、排水通畅。(说明:严格规定了防水隔离层的施工质量要求和检验方法、检查数量。)

检验方法:观察检查和蓄水、泼水检验、坡度尺检查及检查验收记录。

检查数量:按本规范第 3.0.21 条规定的检验批检查。

5.7.4 不发火(防爆)面层中碎石的不发火性必须合格;砂应质地坚硬、表面粗糙,其粒径应为 0.15~5mm,含泥量不应大于 3%,有机物含量不应大于 0.5%;水泥应采用硅酸盐水泥、普通硅酸盐水泥;面层分格的嵌条应采用不发生火花的材料配制。配制时应随时检查,不得混入金属或其他易发生火花的杂质。(说明:强调面层在原材料加工和配制时,应随时检查,不得混入金属或其他易发生火花的杂质。并提出了检验方法、检查数量。)

检验方法:观察检查和检查质量合格证明文件。

检查数量:按本规范第 3.0.19 条的规定检查。

7. 民用建筑工程室内环境污染控制的要求

《民用建筑工程室内环境污染控制标准》GB 50325—2020,其中强制性规定条文如下:

3.1.1 民用建筑工程所使用的砂、石、砖、实心砌块、水泥、混凝土、混凝土预制构件等无机非金属建筑主体材料,其放射性限量应符合现行国家标准《建筑材料放射性核素限量》GB 6566 的规定。

3.1.2 民用建筑工程所使用石材、建筑卫生陶瓷、石膏制品、无机粉黏结材料等无机非金属装饰装修材料,其放射性限量应分类符合现行国家标准《建筑材料放射性核素限量》GB 6566 的规定。

3.6.1 民用建筑工程中所使用的混凝土外加剂,氨的释放量不应大于 0.10%,氨释放量测定方法应符合现行国家标准《混凝土外加剂中释放氨的限量》GB 18588 的有关规定。

4.1.1 新建、扩建的民用建筑工程,设计前应对建筑工程所在城市区域土壤中氡浓度或土壤表面氡析出率进行调查,并提交相应的调查报告。未进行过区域土壤中氡浓度或土壤表面氡析出率测定的,应对建筑场地土壤中氡浓度或土壤氡析出率进行测定,并提供相应的检测报告。

4.2.4 当民用建筑工程场地土壤氡浓度测定结果大于 20000Bq/m³ 且小于 30000Bq/m³,或土壤表面氡析出率大于 0.05Bq/(m²·s) 且小于 0.10Bq/(m²·s) 时,应采取建筑物底层地面抗开裂措施。

4.2.5 当民用建筑工程场地土壤氡浓度测定结果不小于 30000Bq/m³ 且小于 50000Bq/m³ 时,或土壤表面氡析出率不小于 0.10Bq/(m²·s) 且小于 0.30Bq/(m²·s)

时，除采取建筑物底层地面抗开裂措施外，还必须按现行国家标准《地下工程防水技术规范》GB 50108中的一级防水要求，对基础进行处理。

4.2.6 当民用建筑工程场地土壤氡浓度平均值不小于50000Bq/m³或土壤表面氡析出率平均值不小于0.30Bq/(m²·s)时，应采取建筑物综合防氡措施。

4.3.1 Ⅰ类民用建筑室内装饰装修采用的无机非金属装饰装修材料放射性限量必须满足现行国家标准《建筑材料放射性核素限量》GB 6566规定的A类要求。

4.3.6 民用建筑室内装饰装修中所使用的木地板及其他木质材料，严禁采用沥青、煤焦油类防腐、防潮处理剂。

5.2.1 民用建筑工程采用的无机非金属建筑主体材料和建筑装饰装修材料进场时，施工单位应查验其放射性指标检测报告。

5.2.3 民用建筑室内装饰装修中所采用的人造木板及其制品进场时，施工单位应查验其游离甲醛释放量检测报告。

5.2.5 民用建筑室内装饰装修中所采用的水性涂料、水性处理剂进场时，施工单位应查验其同批次产品的游离甲醛含量检测报告；溶剂型涂料进场时，施工单位应查验其同批次产品的VOC、苯、甲苯+二甲苯、乙苯含量检测报告，其中聚氨酯类的应有游离二异氰酸酯（TDI+HDI）含量检测报告。

5.2.6 民用建筑室内装饰装修中所采用的水性胶粘剂进场时，施工单位应查验其同批次产品的游离甲醛含量和VOC检测报告；溶剂型、本体型胶粘剂进场时，施工单位应查验其同批次产品的苯、甲苯+二甲苯、VOC含量检测报告，其中聚氨酯类的应有游离甲苯二异氰酸酯（TDI）含量检测报告。

5.3.3 民用建筑室内装饰装修时，严禁使用苯、工业苯、石油苯、重质苯及混苯等含苯稀释剂和溶剂。

5.3.6 民用建筑室内装饰装修严禁使用有机溶剂清洗施工用具。

6.0.4 民用建筑工程竣工验收时，必须进行室内环境污染物浓度检测，其限量应符合表6.0.4的规定。

民用建筑室内环境污染物浓度限量　　表6.0.4

污染物	Ⅰ类民用建筑工程	Ⅱ类民用建筑工程
氡（Bq/m³）	≤150	≤150
甲醛（mg/m³）	≤0.07	≤0.08
氨（mg/m³）	≤0.15	≤0.20
苯（mg/m³）	≤0.06	≤0.09
甲苯（mg/m³）	≤0.15	≤0.20
二甲苯（mg/m³）	≤0.20	≤0.20
TVOC（mg/m³）	≤0.45	≤0.50

注：1 污染物浓度测量值限量，除氡外均指室内污染物浓度测量值扣除室外上风向空气中污染物浓度测量值（本底值）后的测量值。
　　2 污染物浓度测量值的极限值判定，采用全数值比较法。

6.0.14 幼儿园、学校教室、学生宿舍、老年人照料房屋设施室内装饰装修验收时，室内空气中氡、甲醛、氨、苯、甲苯、二甲苯、TVOC 的抽检量不得少于房间总数的 50%，且不得少于 20 间。当房间总数不大于 20 间时，应全数检测。

6.0.23 室内环境污染物浓度检测结果不符合本标准表 6.0.4 规定的民用建筑工程，严禁交付投入使用。

8. 建筑内部装修防火施工及验收要求

《建筑内部装修防火施工及验收规范》GB 50354—2005，其中强制性条文如下：

2.0.4 进入施工现场的装修材料应完好，并应核查其燃烧性能或耐火极限、防火性能型式检验报告、合格证书等技术文件是否符合防火设计要求。核查、检验时，应按本规范附录 B 的要求填写进场验收记录。

2.0.5 装修材料进入施工现场后，应按本规范的有关规定，在监理单位或建设单位监督下，由施工单位有关人员现场取样，并应由具备相应资质的检验单位进行见证取样检验。

2.0.6 装修施工过程中，装修材料应远离火源，并应指派专人负责施工现场的防火安全。

2.0.7 装修施工过程中，应对各装修部位的施工过程作详细记录。记录表的格式应符合本规范附录 C 的要求。

2.0.8 建筑工程内部装修不得影响消防设施的使用功能。装修施工过程中，当确需变更防火设计时，应经原设计单位或具有相应资质的设计单位按有关规定进行。

3.0.4 下列材料应进行抽样检验：

1 现场阻燃处理后的纺织织物，每种取 $2m^2$ 检验燃烧性能；

2 施工过程中受湿浸、燃烧性能可能受影响的纺织织物，每种取 $2m^2$ 检验燃烧性能。

4.0.4 下列材料应进行抽样检验：

1 现场阻燃处理后的木质材料，每种取 $4m^2$ 检验燃烧性能；

2 表面进行加工后的 B_1 级木质材料，每种取 $4m^2$ 检验燃烧性能。

5.0.4 现场阻燃处理后的泡沫塑料应进行抽样检验，每种取 $0.1m^3$ 检验燃烧性能。

6.0.4 现场阻燃处理后的复合材料应进行抽样检验，每种取 $4m^2$ 检验燃烧性能。

7.0.4 现场阻燃处理后的复合材料应进行抽样检验。

8.0.2 工程质量验收应符合下列要求：

1 技术资料应完整；

2 所用装修材料或产品的见证取样检验结果应满足设计要求；

3 装修施工过程中的抽样检验结果，包括隐蔽工程的施工过程中及完工后的抽样检验结果应符合设计要求；

4 现场进行阻燃处理、喷涂、安装作业的抽样检验结果应符合设计要求；

5 施工过程中的主控项目检验结果应全部合格；

6 施工过程中的一般项目检验结果合格率应达到 80%。

8.0.6 当装修施工的有关资料经审查全部合格、施工过程全部符合要求、现场检查或抽样检测结果全部合格时，工程验收应为合格。

9. 建筑装饰装修工程成品保护的技术要求

《建筑装饰装修工程成品保护技术标准》JGJ/T 427—2018 基本规定如下：

3.0.1 装饰装修工程施工和保修期间，应对所施工的项目和相关工程进行成品保护；相关专业工程施工时，应对装饰装修工程进行成品保护。

3.0.2 装饰装修工程施工组织设计应包含成品保护方案，特殊气候环境应制定专项保护方案。

3.0.3 装饰装修工程施工前，各参建单位应制定交叉作业面的施工顺序、配合和成品保护要求。

3.0.4 成品保护可采用覆盖、包裹、遮搭、围护、封堵、封闭、隔离等方式。

3.0.5 成品保护所用材料应符合国家现行相关材料规范，并符合工序质量要求。宜采用绿色、环保、可再循环使用的材料。

3.0.6 成品保护重要部位应设置明显的保护标识。

3.0.7 在已完工的装饰面层施工时，应采取防污染措施。

3.0.8 成品保护过程中应采取相应的防火措施。

3.0.9 有粉尘、喷涂作业时，作业空间的成品应做包裹、覆盖保护。

3.0.10 在成品区域进行产生高温的施工作业时，应对成品表面采用隔离防护措施，不得将产生热源的设备或工具直接放置在装饰面层上。

3.0.11 施工期间应对成品保护设施进行检查。对有损坏的保护设施应及时进行修复。

3.0.12 装饰装修工程竣工验收时，应提供使用手册。使用手册应包括下列内容：
1 使用方法及注意事项；
2 清洁方法及注意事项；
3 日常维护和保养。

10. 建筑节能工程施工质量验收的要求

《建筑节能工程施工质量验收标准》GB 50411—2019，其中土建类强制性条文如下：

3.1.2 当工程设计变更时，建筑节能性能不得降低，且不得低于国家现行有关建筑节能设计标准的规定。

4.2.2 墙体节能工程使用的材料、产品进场时，应对其下列性能进行复验，复验应为见证取样检验：
1 保温隔热材料的导热系数或热阻、密度、压缩强度或抗压强度、垂直于板面方向的抗拉强度、吸水率、燃烧性能（不燃材料除外）；
2 复合保温板等墙体节能定型产品的传热系数或热阻、单位面积质量、拉伸粘结强度、燃烧性能（不燃材料除外）；
3 保温砌块等墙体节能定型产品的传热系数或热阻、抗压强度、吸水率；
4 反射隔热材料的太阳光反射比，半球发射率；
5 粘结材料的拉伸粘结强度；
6 抹面材料的拉伸粘结强度、压折比；

7 增强网的力学性能、抗腐蚀性能。

检验方法：核查质量证明文件；随机抽样检验，核查复验报告，其中：导热系数（传热系数）或热阻、密度或单位面积质量、燃烧性能必须在同一个报告中。

检查数量：同厂家、同品种产品，按照扣除门窗洞口后的保温墙面面积所使用的材料用量，在5000m²以内时应复验1次；面积每增加5000m²应增加1次。同工程项目、同施工单位且同期施工的多个单位工程，可合并计算抽检面积。当符合本标准第3.2.3条的规定时，检验批容量可以扩大一倍。

4.2.3 外墙外保温工程应采用预制构件、定型产品或成套技术，并应由同一供应商提供配套的组成材料和型式检验报告。型式检验报告中应包括耐候性和抗风压性能检验项目以及配套组成材料的名称、生产单位、规格型号及主要性能参数。

检验方法：核查质量证明文件和型式检验报告。

检查数量：全数检查。

4.2.7 墙体节能工程的施工质量，必须符合下列规定：

1 保温隔热材料的厚度不得低于设计要求。

2 保温板材与基层之间及各构造层之间的粘结或连接必须牢固。保温板材与基层的连接方式、拉伸粘结强度和粘结面积比应符合设计要求。保温板材与基层之间的拉伸粘结强度应进行现场拉拔试验，且不得在界面破坏。粘结面积比应进行剥离检验。

3 当采用保温浆料做外保温时，厚度大于20mm的保温浆料应分层施工。保温浆料与基层之间及各层之间的粘结必须牢固，不应脱层、空鼓和开裂。

4 当保温层采用锚固件固定时，锚固件数量、位置、锚固深度、胶结材料性能和锚固力应符合设计和施工方案的要求；保温装饰板的锚固件应使其装饰面板可靠固定；锚固力应做现场拉拔试验。

检验方法：观察、手扳检查；核查隐蔽工程验收记录和检验报告。保温材料厚度采用现场钢针插入或剖开后尺量检查；拉伸粘结强度按照本标准附录B的检验方法进行现场检验；粘结面积比按本标准附录C的检验方法进行现场检验；锚固力检验应按现行行业标准《保温装饰板外墙外保温系统材料》JG/T 287的试验方法进行；锚栓拉拔力检验应按现行行业标准《外墙保温用锚栓》JG/T 366的试验方法进行。

检查数量：每个检验批应抽查3处。

5.2.2 幕墙（含采光顶）节能工程使用的材料、构件进场时，应对其下列性能进行复验，复验应为见证取样检验：

1 保温隔热材料的导热系数或热阻、密度、吸水率、燃烧性能（不燃材料除外）；

2 幕墙玻璃的可见光透射比、传热系数、遮阳系数，中空玻璃的密封性能；

3 隔热型材的抗拉强度、抗剪强度；

4 透光、半透光遮阳材料的太阳光透射比、太阳光反射比。

检验方法：核查质量证明文件、计算书、复验报告，其中：导热系数或热阻、密度、燃烧性能必须在同一个报告中；随机抽样检验，中空玻璃密封性能按照本标准附录E的检验方法检测。

检查数量：同厂家、同品种产品，幕墙面积在3000m²以内时应复验1次；面积每增加3000m²应增加1次。同工程项目、同施工单位且同期施工的多个单位工程，可合并计算抽检面积。

6.2.2 门窗（包括天窗）节能工程使用的材料、构件进场时，应按工程所处的气候区核查质量证明文件、节能性能标识证书、门窗节能性能计算书、复验报告，并应对下列性能进行复验，复验应为见证取样检验：

1 严寒、寒冷地区：门窗的传热系数、气密性能；
2 夏热冬冷地区：门窗的传热系数气密性能，玻璃的遮阳系数、可见光透射比；
3 夏热冬暖地区：门窗的气密性能，玻璃的遮阳系数、可见光透射比；
4 严寒、寒冷、夏热冬冷和夏热冬暖地区：透光、部分透光遮阳材料的太阳光透射比、太阳光反射比，中空玻璃的密封性能。

检验方法：具有国家建筑门窗节能性能标识的门窗产品，验收时应对照标识证书和计算报告，核对相关的材料、附件、节点构造，复验玻璃的节能性能指标（即可见光透射比、太阳得热系数、传热系数、中空玻璃的密封性能），可不再进行产品的传热系数和气密性能复验。应核查标识证书与门窗的一致性，核查标识的传热系数和气密性能等指标，并按门窗节能性能标识模拟计算报告核对门窗节点构造。中空玻璃密封性能按照本标准附录E的检验方法进行检验。

检查数量：质量证明文件、复验报告和计算报告等全数核查；按同厂家、同材质、同开启方式、同型材系列的产品各抽查一次；对于有节能性能标识的门窗产品，复验时可仅核查标识证书和玻璃的检测报告。同工程项目、同施工单位且同期施工的多个单位工程，可合并计算抽检数量。

7.2.2 屋面节能工程使用的材料进场时，应对其下列性能进行复验，复验应为见证取样检验：

1 保温隔热材料的导热系数或热阻、密度、压缩强度或抗压强度、吸水率、燃烧性能（不燃材料除外）；
2 反射隔热材料的太阳光反射比、半球发射率。

检验方法：核查质量证明文件，随机抽样检验，核查复验报告，其中：导热系数或热阻、密度、燃烧性能必须在同一个报告中。

检查数量：同厂家、同品种产品，扣除天窗、采光顶后的屋面面积在1000m^2以内时应复验1次；面积每增加1000m^2应增加复验1次。同工程项目、同施工单位且同期施工的多个单位工程，可合并计算抽检面积。当符合本标准第3.2.3条的规定时，检验批容量可以扩大一倍。

8.2.2 地面节能工程使用的保温材料进场时，应对其导热系数或热阻、密度、压缩强度或抗压强度、吸水率、燃烧性能（不燃材料除外）等性能进行复验，复验应为见证取样检验。

检验方法：核查质量证明文件，随机抽样检验，核查复验报告，其中：导热系数或热阻、密度、燃烧性能必须在同一个报告中。

检查数量：同厂家、同品种产品，地面面积在1000m^2以内时应复验1次；面积每增加1000m^2应增加1次。同工程项目、同施工单位且同期施工的多个单位工程，可合并计算抽检面积。当符合本标准第3.2.3条的规定时，检验批容量可以扩大一倍。

18.0.5 建筑节能分部工程质量验收合格，应符合下列规定：

1 分项工程应全部合格；
2 质量控制资料应完整；
3 外墙节能构造现场实体检验结果应符合设计要求；
4 建筑外窗气密性能现场实体检验结果应符合设计要求；
5 建筑设备系统节能性能检测结果应合格。

二、工程质量管理的基本知识

（一）质量与工程质量管理

1. 质量的概念

我国国家标准《质量管理体系 基础和术语》GB/T 19000—2016（等同于国际标准 ISO 9001：2015）对质量定义是：客体的一组固有特性满足要求的程度。

（1）"特性"：指"可区分的特征"，可以有很多种类，例如：物的特性、时间的特性、人体工效的特性、功能的特性等。特性可分为固有的和赋予的。固有特性就是指某事或某物本来就有的，尤其是永久的特性，如：螺栓的直径、机器的生产率或建筑物的耐久年限等技术特性；赋予特性不是固有的，不是某事物本来就有的，而是完成产品后因不同的要求而对产品所增加的特性，如产品的价格、售后服务要求等特性。

（2）"要求"：指"明示的、通常隐含的或必须履行的需求或期望"。明示的：可以理解为规定的要求，如在文件中阐明的要求或顾客明确提出要求。通常隐含的是指组织、顾客和其他相关方的惯例或一般做法，所考虑的需求或期望是不言而喻的。必须履行的是指法律法规要求的或有强制性标准要求的；组织在产品的实现过程中必须执行这类标准。

2. 工程质量与质量管理的概念

建设工程质量简称工程质量，是指工程满足业主需要的、符合国家法律、法规、技术规范标准、设计文件及合同规定的特性综合。建设工程作为一种特殊的产品，除具有一般产品共有的质量特性，如性能、寿命、可靠性、安全性、经济性等满足社会需要的使用价值及其属性外，还具有特定的内涵。

工程质量有以下几种特点：

（1）影响因素多；

（2）质量波动大；

（3）质量的隐蔽性；

（4）终检的局限性；

（5）评价方法的特殊性。

工程质量的特性主要表现在六个方面：适用性、耐久性、安全性、可靠性、经济性、与环境的协调性等。

工程质量管理，是指为实现工程建设的质量方针、目标，进行质量策划、质量控制、质量保证和质量改造的工作。广义的工程质量管理，泛指建设全过程的质量管理。其管理的范围贯穿于工程建设的决策、勘察、设计、施工的全过程。一般意义的质量管理，指的是工程施工阶段的管理。

3. 工程质量管理的特点

(1) 工程项目的质量特性较多。
(2) 工程项目形体庞大，投入高，周期长，牵涉面广，具有风险性。
(3) 影响工程项目质量因素多。
(4) 工程项目质量管理难度较大。
(5) 工程项目质量具有隐蔽性。

4. 影响工程质量的主要因素

工程项目质量的影响因素，主要是指在工程项目质量目标策划、决策和实现过程中影响质量形成的各种客观因素和主观因素，包括人的因素、技术因素、管理因素、环境因素和社会因素等。

(1) 人的因素

人的因素对工程项目质量形成的影响，取决于两个方面：一是指直接履行工程项目质量职能的决策者、管理者和作业者个人的质量意识及质量活动能力；二是指承担建设工程项目策划、决策或实施的建设单位、勘察设计单位、咨询服务机构、工程承包企业等实体组织的质量管理体系及其管理能力。前者是个体的人，后者是群体的人。我国实行建筑业企业经营资质管理制度、市场准入制度、执业资格注册制度、作业及管理人员持证上岗制度等，从本质上说，都是对从事建设工程活动的人的素质和能力进行必要的控制。此外，《建筑法》和《建设工程质量管理条例》还对建设工程的质量责任制度作出了明确规定，如规定按资质等级承包工程任务，不得越级、不得挂靠、不得转包，严禁无证设计、无证施工等，从根本上说也是为了防止因人的资质或资格失控而导致质量活动能力和质量管理能力失控。

(2) 技术因素

影响工程项目质量的技术因素涉及的内容十分广泛，包括直接的工程技术和辅助的生产技术，前者如工程勘探技术、设计技术、施工技术、材料技术等，后者如工程检测检验技术、试验技术等。建设工程技术的先进性程度，从总体上说取决于国家一定时期的经济发展和科技水平，取决于建筑业及相关行业的技术进步。对于具体的建设工程项目，主要是通过技术工作的组织与管理，优化技术方案，发挥技术因素对工程项目质量的保证作用。

(3) 管理因素

影响工程项目质量的管理因素，主要是决策因素和组织因素。其中，决策因素首先是业主方的工程项目决策；其次是工程项目实施过程中，实施主体的各项技术决策和管理决策。实践证明，没有经过资源论证、市场需求预测，盲目建设、重复建设，建成后不能投入生产或使用，所形成的合格而无用途的建筑产品，从根本上是社会资源的极大浪费，不具备质量的适用性特征。同样，盲目追求高标准、缺乏质量经济性考虑的决策，也将对工程质量的形成产生不利的影响。

管理因素中的组织因素，包括建设工程项目实施的管理组织和任务组织。管理组织指建设工程项目管理的组织架构、管理制度及其运行机制，三者的有机联系构成了一定的组织管理模式,其各项管理职能的运行情况,直接影响着工程项目质量目标的实现。任务组织是指对工程项目实施的任务及其目标进行分解、发包、委托,以及对实施任务所进行的计划、指挥、协调、检查和监督等一系列工作过程,从工程项目质量控制的维度看,工程项目管理组织系统是否健全、实施任务的组织方式是否科学合理,无疑将对质量目标控制产生重要的影响。

(4) 环境因素

一个建设项目的决策、立项和实施,受到经济、政治、社会、技术等多方面因素的影响。这些因素就是项目可行性研究、风险识别与管理所必须考虑的环境因素。对于工程项目质量控制而言,直接影响工程项目质量的环境因素,一般是指工程项目所在地点的水文、地质和气象等自然环境;施工现场的通风、照明、安全、卫生防护设施等劳动作业环境;由多单位、多专业交叉协同施工的管理关系、组织协调方式、质量控制系统等构成的管理环境。对这些环境条件的认识与把握,是保证工程项目质量的重要工作环节。

(5) 社会因素

影响工程项目质量的社会因素,表现在建设法律法规的健全程度及其执法力度;建设工程项目法人或业主的理性化程度以及建设工程经营者的经营理念;建筑市场包括建设工程交易市场和建筑生产要素市场的发育程度及交易行为的规范程度,政府的工程质量监督及行业管理成熟程度;建设咨询服务业的发展程度及其服务水准的高低;廉政建设及行风建设的状况等。

必须指出,作为工程项目管理者,不仅要系统认识和思考以上各种因素对建设工程项目质量形成的影响及其规律,而且要分清对于工程项目质量控制来说,哪些是可控因素,哪些是不可控因素。对于工程项目管理者而言,人、技术、管理和环境因素,是可控因素;社会因素存在于建设工程项目系统之外,一般情形下属于不可控因素,但可以通过自身的努力,尽可能做到趋利去弊。

(二) 施工质量保证体系的建立与运行

1. 施工质量保证体系内容

质量保证体系就是要通过一定的制度、规章、方法、程序和机构等把质量保证活动加以系统化、标准化及制度化。质量保证体系的核心就是依靠人的积极性和创造性,发挥科学技术的力量。质量保证体系的实质就是责任制和奖罚。质量保证体系的体现就是一系列的手册、汇编和图表等。

质量保证体系是企业内部的一种系统的技术和管理手段,是指企业为生产出符合合同要求的产品,满足质量监督和认证工作的要求,建立的必需的全部有计划的系统的企业活动。它包括对外向用户提供必要保证质量的技术和管理"证据",这种证据,虽然往往是以书面的质量保证文件形式提供的,但它是以现实的内部的质量保证活动作为坚实后盾的,即表明该产品或服务是在严格的质量管理中完成的,具有足够的管理和技术上的保证能力。

工程项目的施工质量保证体系以控制和保证施工产品质量为目标,从施工准备、施工生产到竣工投产的全过程，运用系统的概念和方法，在全体人员的参与下，建立一套严密、协调、高效的全方位的管理体系，从而实现工程项目施工质量管理的制度化、标准化。

施工质量保证体系内容主要包括以下几个方面：

(1) 项目施工质量目标

施工质量保证体系须有明确的质量目标，并符合项目质量总目标的要求，要以工程承包合同为主要依据，逐级分解目标以形成在合同环境下的各级质量目标。项目施工质量目标的分解主要从两个角度展开，即从时间角度展开，实施全过程的控制；从空间角度展开，实施全方位和全员的质量目标管理。

(2) 项目施工质量计划

项目施工质量计划以特定项目为对象，是将施工质量验收统一标准、企业质量手册和程序文件的通用要求与特定项目联系起来的文件，应根据企业的质量手册和本项目质量目标来编制。

(3) 思想保证体系

思想保证体系是项目施工质量保证体系的基础，是运用全面管理的思想、观点和方法，使全体人员树立"质量第一"的观点，增强质量意识，在施工的全过程中全面贯彻"一切为用户服务"的思想，以达到提高施工质量的目的。

(4) 组织保证体系

工程施工质量是各项管理工作成果的综合反映，也是管理水平的具体体现。项目施工质量保证体系必须建立健全各级质量管理组织，分工负责，形成一个有明确任务、职责、权限，互相协调、互相促进的有机整体。

(5) 工作保证体系

工作保证体系主要是明确工作任务和建立工作制度，具体实施体现在以下三个阶段：

第一，施工准备阶段。这一阶段是为整个项目施工创造条件。准备工作的好坏，既直接关系到工程建设能否高速、优质地完成，又决定了能否对工程质量事故起到一定的预防和预控作用。本阶段要完成各项技术准备工作，进行技术交底和技术培训，制定相应的技术管理制度；按质量控制和检查验收的需要，对工程项目进行分级并编号；建立工程测量控制网和测量控制制度；进行施工平面设计，建立施工场地管理制度；建立健全材料、机械管理制度等。

第二，施工阶段。施工过程是建筑产品形成的过程，这个阶段的质量控制是确保施工质量的关键。必须加强工序管理，严格按照规范进行施工，建立质量检查制度，实行自检、互检和专检，应用建筑信息模型（BIM）技术，强化过程控制，以确保施工阶段的工作质量。

第三，竣工验收阶段。工程竣工验收，是指单位工程或单项工程竣工经检查验收，移交给下道工序或移交给建设单位。本阶段主要应做好成品保护，严格按规范标准进行检查验收和必要的处置，不让不合格工程进入下一道工序或进入市场，并做好相关资料的收集整理和移交，建立回访制度等。

2. 施工质量保证体系运行

质量保证体系的运行应以质量计划为主线，以过程管理为重心，按 PDCA 循环进行，通过计划（Plan）—实施（Do）—检查（Check）—处理（Act）的管理循环步骤展开控制，提高保证水平。

计划阶段（P）：计划（Plan）即确定质量管理的方针、目标，以及实现方针、目标的措施和行动计划；质量保证体系主要内容是制订质量目标、活动计划、管理项目和措施方案。步骤：

（1）分析现状，找出存在的质量问题；

（2）分析产生质量问题的各种原因和影响因素；

（3）从各种原因中找出主要原因；

（4）针对造成质量问题的主要原因，制定技术措施方案，提出解决措施的计划并预测预期效果，然后具体落实到执行者、时间进度、地点和完成方法等各个方面。

实施阶段（D）：实施（Do）包含计划行动方案的交底和按计划规定的方法及要求展开的施工作业技术活动；就是将指定的计划和措施，具体组织实施，这是质量管理循环的第二步。

检查阶段（C）：检查（Check）就是对照计划，检查执行的情况和效果，包括检查是否严格执行了计划的行动方案和检查计划执行的结果；主要是在计划执行过程中或执行之后，检查执行情况是否符合计划的预期结果。这是质量管理循环的第三步。

处理阶段（A）：处理（Act）以检查结果为依据，分析检查的结果，总结经验，吸取教训。这是质量管理循环的第四步。

PDCA 循环具有大环套小环、相互衔接、相互促进、螺旋式上升，形成完整的循环和不断推进等特点。

（三）施工企业质量管理体系文件的构成

施工企业质量管理体系文件一般包括：质量手册、程序文件、质量计划、质量记录等。

1. 质量手册

质量手册一般包括的内容：前言；企业简介；手册介绍；颁布令；质量方针和目标；组织机构；质量体系要求；质量手册管理细则；附录。质量手册包括：公司介绍、组织架构、质量方针、质量目标、对各个程序的部分引用说明等。其是阐明一个企业的质量政策、质量体系和质量实践的文件，是实施和保持质量体系过程中长期遵循的纲领性文件，是一个公司质量体系的灵魂和中心指导纲要。

质量手册的作用：在企业内部，它是由企业最高领导批准发布的有权威的、实施各项质量管理活动的基本法规和行动准则。对外部实行质量保证时，它是证明企业质量体系存在，并具有质量保证能力的文字表征和书面证据，是取得用户和第三方信任的手段。质量手册为协调质量体系有效运行提供了有效手段，也为其评价和审核提供了依据。

质量手册是组织质量管理的纲领性文件,应纳入组织标准体系内,质量手册的封面应按组织管理标准的统一封面格式编制,一般应包括文件编号、手册名称、组织名称、发布及实施日期等。质量手册的编号应按组织管理标准的统一编号办法进行。通常编号由组织代号、部门代号、标准性质代号、标准顺序号和年代号五个部分组成。

2. 程序文件

程序文件是针对各个职能部门的,是质量手册的支持性文件,是企业落实质量管理工作而建立的各项管理标准、规章制度,是企业各职能部门为贯彻落实质量手册要求而规定的实施细则。程序文件一般至少应包括文件控制程序、质量记录管理程序、不合格品控制程序、内部审核程序、预防措施控制程序、纠正措施控制程序等。

程序文件的作用包括:
(1) 使质量活动受控;
(2) 对影响质量的各项活动作出规定;
(3) 规定各项活动的方法和评定的准则,使各项活动处于受控状态;
(4) 阐明与质量活动有关人员的责任:职责、权限、相互关系;
(5) 作为执行、验证和评审质量活动的依据;
(6) 在实际活动中执行程序的规定;
(7) 执行的情况应留下证据;
(8) 依据程序审核实际运作是否符合要求。

程序文件格式通常包括:封面、刊头、刊尾、修改控制页、正文。

3. 质量计划

质量计划是为了确保过程的有效运行和控制,在程序文件的指导下,针对特定的项目、产品、过程或合同,规定由谁及何时应使用哪些程序和相关资源,采取何种质量措施的文件,通常可引用质量手册的部分内容或程序文件中适用于特定情况的部分。施工企业质量管理体系中的质量计划,由各个施工项目的施工质量计划组成。

质量管理计划应包括以下内容:
(1) 编制依据;
(2) 项目概况;
(3) 质量目标;
(4) 组织机构;
(5) 质量控制及管理组织协调的系统描述;
(6) 必要的质量控制手段,施工过程,服务、检验和试验程序等;
(7) 确定关键工序和特殊过程及作业的指导书;
(8) 与施工阶段相适应的检验、试验、测量、验证要求;
(9) 更改和完善质量计划的程序;
(10) 必要的记录。

4. 质量记录

质量记录是产品质量水平和质量体系中各项质量活动进行及结果的客观反映,是证明各阶段产品质量达到要求的质量体系运行有效的证据,是阐明所取得的结果或提供所完成活动证据的文件,是企业已经进行过的质量活动所留下的记录。

质量记录的填写要求包括:

(1) 质量记录填写要清楚,字迹要清晰,不得使用铅笔填写,不得随意更改,如质量记录因笔误需更改,当事人应在更改处字上画一条横线并更正及签名认可,或备注栏中签名认可。

(2) 填写质量记录内容要求真实、完整。

(3) 记录完毕后,责任人应签名,签名时须填写全名。

(4) 质量记录的表格上所有须填的栏目,均应进行相应填写,若有不适用的栏目应加画斜线。

(四) 质量管理体系建立

质量管理体系(Quality Management System,QMS)是指在质量方面指挥和控制组织的管理体系。质量管理体系是组织内部建立的、为实现质量目标所必需的、系统的质量管理模式,是组织的一项战略决策。当管理与质量有关时,则为质量管理。质量管理是在质量方面指挥和控制组织的协调活动,通常包括制定质量方针、目标以及质量策划、质量控制、质量保证和质量改进等活动。实现质量管理的方针目标,有效地开展各项质量管理活动,必须建立相应的管理体系,这个体系就叫质量管理体系。

1. 质量管理原则

《质量管理体系 基础和术语》GB/T 19000—2016 提出了质量的七项原则,包含以下 7 个方面。

(1) 以顾客为关注焦点

质量管理的首要关注点是满足顾客要求并且努力超越顾客期望。

(2) 领导作用

各级领导应建立统一的宗旨和方向,并创造全员积极参与实现组织的质量目标的条件。

(3) 全员积极参与

全员积极参与是提高组织创造和提供价值能力的必要条件。

(4) 过程方法

将活动作为相互关联、功能连贯的过程组成的体系来理解和管理时,可以更加有效和高效地得到一致的、可预知的结果。

(5) 改进

成功的组织应持续关注改进。

(6) 循证决策

基于数据和信息的分析和评价的决策更有可能产生期望的结果。

(7) 关系管理

为了持续成功，组织需要管理与相关方的关系。

2. 施工企业质量管理体系的建立

建立完善的质量管理体系并使之有效运行，是企业质量管理的核心，也是贯彻质量管理和质量保证标准的关键。施工企业质量管理体系的建立一般可分为三个阶段：质量管理体系的建立、质量管理体系文件的编制和质量管理体系的运行。

(1) 质量管理体系的建立

质量管理体系的建立指企业根据质量管理七项原则，在确定市场及顾客需求的前提下，制定企业的质量方针、质量目标、质量手册、程序文件和质量记录等体系文件，并将质量目标分解落实到相关层次、相关岗位的职能和职责中，形成企业质量管理体系执行系统的一系列工作。

(2) 质量管理体系文件的编制

质量管理体系文件是质量管理体系的重要组成部分，也是企业进行质量管理和质量保证的基础。编制质量管理体系文件是建立和保持体系有效运行的重要基础工作。质量管理体系文件包括：质量手册、质量计划、质量体系程序、详细作业文件和质量记录等。

(3) 质量管理体系的运行

质量管理体系的运行即在生产及服务的全过程按质量管理文件体系规定的程序、标准、工作要求及岗位职责进行操作运行，在运行过程中监测其有效性，做好质量记录，并实现持续改进。

3. 企业质量管理体系的认证与监督

(1) 质量管理体系的认证

质量管理体系由公正的第三方认证机构，依据质量管理体系的要求标准，审核企业质量管理体系要求的符合性和实施的有效性，进行独立、客观、科学、公正地评价，得出结论。认证应按申请、审核、审批与注册发证等程序进行。

(2) 获准认证后的监督管理

企业获准认证后的有效期为三年。企业获准认证后，应进行经常性的内部审核，保持质量管理体系的有效性，并每年一次接受认证机构对企业质量管理体系实施的监督管理。获准认证后监督管理工作的主要内容有企业通报、监督检查、认证注销、认证暂停、认证撤销、复评及重新换证等。

三、施工质量计划的内容和编制方法

（一）施工质量计划的概念

项目施工质量计划以特定项目为对象，是将施工质量验收统一标准、企业质量手册和程序文件的通用要求与特定项目联系起来的文件，应根据企业的质量手册和本项目质量目标来编制。

施工质量计划可以按内容分为施工质量工作计划和施工质量成本计划。

施工质量工作计划主要内容包括：项目质量目标的具体描述；对整个项目施工质量形成的各工作环节的责任和权限的定量描述；采用的特定程序、方法和工作指导书；重要工序的试验、检验、验证和审核大纲；质量计划修订和完善的程序；为达到质量目标所采取的其他措施。

施工质量成本计划是规定最佳质量成本水平的费用计划，是开展质量成本管理的基础。质量成本可分为运行质量成本和外部质量保证成本。运行质量成本是指为运行质量体系达到和保持规定的质量水平所支付的费用；外部质量保证成本是指依据合同要求向顾客提供所需要的客观证据所支付的费用，包括采用特殊的和附加的质量保证措施、程序以及检测试验和评定的费用。

（二）施工质量计划的内容

施工质量计划的主要内容包括：
(1) 工程特点及施工条件（合同条件、法规条件和环境条件等）分析；
(2) 质量总目标及其分解目标；
(3) 质量管理组织机构和职责，人员及资源配置计划；
(4) 确定施工工艺与操作方法的技术方案和施工组织方案；
(5) 施工材料、设备等物质的质量管理及控制措施；
(6) 施工质量检验、检测、试验工作的计划安排及其实施方法与接收准则；
(7) 施工质量控制点及其跟踪控制的方式与要求；
(8) 质量记录的要求等。

（三）施工质量计划的编制方法

1. 施工质量计划的编制主体

施工质量计划应由自控主体即施工承包企业进行编制。在平行发包方式下，各承包单位应分别编制施工质量计划;在总分包模式下,施工总承包单位应编制总承包工程范围的施工质量计划;各分包单位编制相应分包范围的施工质量计划,作为施工总承包方质量计划的深化和组成部分。施工总承包方有责任对各分包方施工质量计划的编制进行指导和审核,并承担相应施工质量的连带责任。

2. 施工质量计划涵盖的范围

施工质量计划涵盖的范围,按整个工程项目质量控制的要求,应与建筑安装工程施工任务的实施范围相一致,以此保证整个项目建筑安装工程的施工质量总体受控;对具体施工任务承包单位而言,施工质量计划涵盖的范围,应能满足其履行工程承包合同质量责任的要求。建设工程项目的施工质量计划,应在施工程序、控制组织、控制措施、控制方式等方面,形成一个有机的质量计划系统,确保实现项目质量总目标和各分解目标的控制能力。

四、工程质量控制的方法

（一）施工质量控制的基本环节和一般方法

1. 施工质量控制的基本环节

（1）事前质量控制，即在正式施工前进行的事前主动质量控制，通过编制施工质量计划，明确质量目标，制定施工方案，设置质量管理点，落实质量责任，分析可能导致质量目标偏离的各种影响因素，针对这些影响因素制定有效的预防措施，防患于未然。

（2）事中质量控制，指在施工质量形成过程中，对影响施工质量的各种因素进行全面的动态控制。事中质量控制也称作业活动过程质量控制，包括质量活动主体的自我控制和他人监控的控制方式。自我控制是第一位，自控主体不能因为监控主体的存在和监控职能的实施而减轻或免除其质量责任。

事中控制首先是对质量活动的行为约束，其次是对质量活动过程和结果的监督控制。事中质量控制的目标是确保工序质量合格，杜绝质量事故发生；事中控制的关键是坚持质量标准，控制的重点是工序质量、工作质量和质量控制点的控制。

（3）事后质量控制，也称为事后质量把关，以使不合格的工序或最终产品（包括单位工程或整个工程项目）不流入下道工序、不进入市场。事后控制包括对质量活动结果的评价、认定和对质量偏差的纠正。

施工质量控制的重点是发现施工质量方面的缺陷，并通过分析提出施工质量改进的措施，保持质量处于受控状态。以上三大环节不是互相孤立和截然分开的，它们共同构成有机的系统过程，实质上也就是质量管理 PDCA 循环的具体化，在每一次滚动循环中不断提高，实现质量管理和质量控制的持续改进。

2. 施工质量控制的依据

（1）共同性依据

共同性依据主要包括基本法规、法律。

1)《中华人民共和国建筑法》(1997 年 11 月 1 日主席令第 91 号发布，2019 年 4 月 23 日修正)；

2)《建设工程质量管理条例》(2000 年 1 月 30 日国务院令第 279 号发布，2019 年 4 月 23 日第二次修正)；

3) 2001 年 4 月建设部发布的《建筑业企业资质管理规定》(2018 年 12 月 22 日第二次修正)。

以上列举的是国家及建设主管部门所颁发的有关质量管理方面的法规性文件。这些文件都是建设行业质量管理方面所应遵循的基本法规文件。

(2) 专业技术性依据

专业技术性依据指针对建筑装饰装修行业、不同质量控制对象制定的专业技术标准、规范、规程或规定文件。

技术标准有国际标准、国家标准、行业标准、地方标准和企业标准之分。它们是建立和维护正常的生产和工作秩序应遵守的准则，也是衡量工程、设备和材料质量的尺度。

(3) 项目专用性依据

项目专用性依据指本项目的工程建设合同、勘察设计文件、设计交底及图纸会审记录、设计修改和技术变更通知，以及相关会议记录和工程联系单等。

工程施工承包合同文件和委托监理合同文件中分别规定了参与建设各方在质量控制方面的权利和义务，有关各方必须履行在合同中的承诺。对于监理单位，既要履行委托监理合同的条款，又要督促建设单位、监督承包单位、设计单位履行有关的质量控制条款。因此，监理工程师要熟悉这些条款，据此进行质量监督和控制。

"按图施工"是施工阶段质量控制的一项重要原则。因此，经过批准的设计图纸和技术说明书等设计文件，无疑是质量控制的重要依据。但是从严格质量管理和质量控制的角度出发，监理单位在施工前还应参加由建设单位组织的设计单位及承包单位参加的设计交底及图纸会审工作，以达到了解设计意图和质量要求，发现图纸差错和减少质量隐患的目的。

3. 施工质量控制的一般方法

(1) 质量文件审核

审核有关技术文件、报告或报表，是对工程质量进行全面管理的重要手段，这些文件包括：

1) 施工单位的技术资质证明文件和质量保证体系。
2) 施工组织设计施工方案及技术措施。
3) 有关材料和半成品及构配件的质量检验报告。
4) 有关应用新技术、新工艺、新材料的现场试验报告和鉴定报告。
5) 反映工序质量动态的统计资料或控制图表。
6) 设计变更和图纸修改文件。
7) 有关工程质量事故的处理方法。
8) 相关方面现场签署的有关技术签证和文件等。

(2) 现场质量检查

1) 现场质量检查的内容：

① 开工前的检查

② 工序交接检查：对于重要的工序或对工程质量有重大影响的工序，应严格执行"三检"制度，即自检、互检、专检。未经监理工程师（建设单位技术负责人）检查认可，不得进行下道工序的施工。

③ 隐蔽工程的检查：施工中凡是隐蔽工程必须检查认证后方可进行隐蔽掩盖。

④ 停工后复工的检查：因客观因素停工或处理质量事故等停工复工时，经检查认可后方能复工。

⑤ 分项、分部工程完成后的检查：分项、分部工程完成后应经检查认可，并签署验收记录后才能进行下一工程项目的施工。

⑥ 成品保护的检查：检查成品有无保护措施及保护措施是否有效可靠。

2) 现场质量检查的方法主要有目测法、实测法和试验法等。

（二）施工准备阶段质量控制

1. 施工技术准备工作的质量控制

施工技术准备是指在正式开展施工作业活动前进行的技术准备工作。这类工作内容繁多，主要在室内进行，例如：熟悉施工图，组织设计交底和图纸审查，进行工程项目检查验收的项目划分和编号，审核相关质量文件，细化施工技术方案和施工人员、机具的配置方案，编制施工作业技术指导书，绘制各种施工详图（如测量放线图、大样图及配筋、配板图等），进行必要的技术交底和技术培训。如果施工准备工作出错，必然影响施工进度和作业质量，甚至直接导致质量事故的发生。

技术准备工作的质量控制，包括对上述技术准备工作成果的复核审查，检查这些成果是否符合设计图纸和相关技术规范、规程的要求；依据经过审批的质量计划审查、完善施工质量控制措施；针对质量控制点，明确质量控制的重点对象和控制方法；尽可能地提高上述工作成果对施工质量的保证程度等。

2. 现场施工准备工作的质量控制

（1）计量控制

这是施工质量控制的一项重要基础工作。施工过程中的计量，包括施工生产时的投料计量、施工测量、监测计量以及对项目、产品或过程的测试、检验、分析计量等。开工前要建立和完善施工现场计量管理的规章制度；明确计量控制责任者和配置必要的计量人员；严格按规定对计量器具进行维修和校验；统一计量单位，组织量值传递，保证量值统一，从而保证施工过程中计量的准确。

（2）测量控制

工程测量放线是建设工程产品由设计转化为实物的第一步。施工测量质量的好坏，直接决定工程的定位和标高是否正确，并且制约施工过程有关工序的质量。因此，施工单位在开工前应编制测量控制方案，经项目技术负责人批准后实施。对建设单位提供的原始坐标点、基准线和水准点等测量控制点进行复核，并将复核结果上报监理工程师审核，批准后施工单位才能建立施工测量控制网，进行工程定位和标高基准的控制。

（3）施工平面图控制

建设单位应按照合同约定并充分考虑施工的实际需要，事先划定并提供施工用地和现场临时设施用地的范围，协调平衡和审查批准各施工单位的施工平面设计。施工单位要严格按照批准的施工平面布置图，科学合理地使用施工场地，正确安装设置施工机械设备和其他临时设施，维护现场施工道路畅通无阻和通信设施完好，合理控制材料的进场与堆放，保持良好的防洪排水能力，保证充分的给水和供电。建设（监理）

单位应会同施工单位制定严格的施工场地管理制度、施工纪律和相应的奖惩措施,严禁乱占场地和擅自断水、断电、断路,及时制止和处理各种违纪行为,并做好施工现场的质量检查记录。

(4) 工程质量检查验收的项目划分

一个建设工程项目从施工准备开始到竣工交付使用,要经过若干工序、工种的配合施工。施工质量的优劣,取决于各个施工工序、工种的管理水平和操作质量。因此,为了便于控制、检查、评定和监督每个工序和工种的工作质量,就要把整个项目逐级划分为若干个子项目,并分级进行编号,在施工过程中据此来进行质量控制和检查验收。这是进行施工质量控制的一项重要准备工作,应在项目施工开始之前进行。项目划分合理,有利于分清质量责任,便于施工人员进行质量自控和检查监督人员检查验收,也有利于质量记录等资料的填写、整理和归档。

根据《建筑工程施工质量验收统一标准》GB 50300—2013 的规定,建筑工程质量验收应逐级划分为单位(子单位)工程、分部(子分部)工程、分项工程和检验批。

(三) 施工阶段的质量控制

施工过程的作业质量控制,是在工程项目质量实际形成过程中的事中质量控制。

建设工程项目施工是由一系列相互关联、相互制约的作业过程(工序)构成,因此施工质量控制,必须对全部作业过程,即各道工序的作业质量进行控制。从项目管理的角度看,工序作业质量的控制,首先是质量生产者即作业者的自控,在施工生产要素合格的条件下,作业者能力及其发挥的状况是决定作业质量的关键。其次,是来自作业者外部的各种作业质量检查、验收和对质量行为的监督,也是不可缺少的设防和把关的管理措施。

1. 工序施工质量控制

工序是人、材料、机械设备、施工方法和环境因素对工程质量综合起作用的过程,所以对施工过程的质量控制,必须以工序作业质量控制为基础和核心。因此,工序的质量控制是施工阶段质量控制的重点。只有严格控制工序质量,才能确保施工项目的实体质量。工序施工质量控制主要包括工序施工条件质量控制和工序施工效果质量控制。

(1) 工序施工条件质量控制

工序施工条件是指从事工序活动的各生产要素质量及生产环境条件。工序施工条件控制就是控制工序活动的各种投入要素质量和环境条件质量。控制的手段主要有:检查、测试、试验、跟踪监督等。控制的依据主要是:设计质量标准、材料质量标准、机械设备技术性能标准、施工工艺标准以及操作规程等。

(2) 工序施工效果质量控制

工序施工效果主要反映工序产品的质量特征和特性指标。对工序施工效果的控制就是控制工序产品的质量特征和特性指标能否达到设计质量标准以及施工质量验收标准的要求。工序施工效果控制属于事后质量控制,其控制的主要途径是:实测获取数据、统计分析所获取的数据、判断认定质量等级和纠正质量偏差。

按有关施工验收规范规定,在装饰装修工程中,幕墙工程的下列工序质量必须进行现场质量检测,合格后才能进行下道工序。

① 铝塑复合板的剥离强度检验。
② 石材的弯曲强度、室内用花岗石的放射性、寒冷地区石材的耐冻性检测。
③ 玻璃幕墙用结构胶的邵氏硬度、标准条件拉伸粘结强度、石材用密封胶的污染性检测。
④ 建筑幕墙的气密性、水密性、风压变形性能、层间变位性能检测。
⑤ 硅酮结构胶相容性检测。

2. 施工作业质量的自控

(1) 施工作业质量自控的意义

施工作业质量的自控,从经营的层面上说,强调的是作为建筑产品生产者和经营者的施工企业,应全面履行企业的质量责任,向顾客提供质量合格的工程产品;从生产的过程来说,强调施工作业者的岗位质量责任,向后道工序提供合格的作业成果(中间产品)。同理,供货厂商必须按照供货合同约定的质量标准和要求,对材料(设备)物资的供应过程实施产品质量自控。因此,施工承包方和供应方在施工阶段是质量自控主体,他们不能因为监控主体的存在和监控责任的实施而减轻或免除其质量责任。我国《建筑法》和《建设工程质量管理条例》规定:建筑施工企业对工程的施工质量负责,建筑施工企业必须按照工程设计要求、施工技术标准和合同的约定,对建筑材料、建筑构配件和设备进行检验,不合格的不得使用。

施工方作为工程施工质量的自控主体,既要遵循本企业质量管理体系的要求,也要根据其在所承建的工程项目质量控制系统中的地位和责任,通过具体项目质量计划的编制与实施,有效地实现施工质量的自控目标。

(2) 施工作业质量自控的程序

施工作业质量的自控过程是由施工作业组织的成员进行的,其基本的控制程序包括:作业技术交底、作业活动的实施和作业质量的自检自查、互检互查以及专职管理人员的质量检查等。

① 施工作业技术的交底

技术交底是施工组织设计和施工方案的具体化,施工作业技术交底的内容必须具有可行性和可操作性。从建设工程项目的施工组织设计到分部分项工程的作业计划,在实施之前都必须逐级进行交底,其目的是使管理者的计划和决策意图为实施人员所理解。施工作业交底是最基层的技术和管理交底活动,施工总承包方和工程监理机构都要对施工作业交底进行监督。作业交底的内容包括作业范围、施工依据、作业程序、技术标准和要领、质量目标以及其他与安全、进度、成本、环境等目标管理有关的要求和注意事项。

② 施工作业活动的实施

施工作业活动是由一系列工序所组成的。为了保证工序质量的受控,首先要对作业条件进行再确认,即按照作业计划检查作业准备状态是否落实到位,其中包括对施工程序和作业工艺顺序的检查确认,在此基础上,严格按作业计划的程序、步骤和质量要求展开工序作业活动。

③ 施工作业质量的检验

施工作业质量的检验，是贯穿整个施工过程的最基本的质量控制活动，包括施工单位内部的工序作业质量自检、互检、专检和交接检查，以及现场监理机构的旁站检查、平行检测等。施工作业质量检验是施工质量验收的基础，已完检验批及分部分项工程的施工质量，必须在施工单位完成质量自检并确认合格之后，才能报请现场监理机构进行检查验收。

前道工序工程质量经验收合格后，才可进入下道工序施工。未经验收合格的工序，不得进入下道工序施工。

（3）施工工程质量自控的要求

工序施工质量是直接形成工程质量的基础，为达到对工序施工质量控制的效果，在加强工序管理和质量目标控制方面应坚持以下要求：

① 预防为主

严格按照施工质量计划的要求，进行各分部分项施工作业的部署，同时，根据施工作业的内容、范围和特点，制定施工质量控制计划，明确施工质量目标和工程质量技术要领，认真进行工程质量技术交底，落实各项技术组织措施。

② 重点控制

在施工作业计划中，一方面要认真贯彻实施施工质量计划中的质量控制点的控制措施，另一方面，要根据作业活动的实际需要，进一步建立工序质量控制点，深化工序质量的重点控制。

③ 坚持标准

工序施工人员在工序施工过程应严格进行质量自检，通过自检不断改进作业质量，并创造条件开展工序质量互检，通过互检加强技术与经验的交流。对已完工序的产品，即检验批或分部分项工程，应严格坚持质量标准。对不合格的施工质量，不得进行验收签证，必须按照规定的程序进行处理。

《建筑工程施工质量验收统一标准》GB 50300—2013 及配套使用的专业质量验收规范，是施工质量自控的合格标准。有条件的施工企业或项目经理部应结合自己的条件编制高于国家标准的企业内控标准或工程项目内控标准，或采用施工承包合同明确规定的更高标准列入质量计划中，努力提升工程质量水平。

④ 记录完整

施工图纸、质量计划、作业指导书、材料质保书、检验试验及检测报告、质量验收记录等，是形成可追溯性的质量保证依据，也是工程竣工验收所不可缺少的质量控制资料。因此，对工序作业质量，应有计划、有步骤地按照施工管理规范的要求进行填写记载，做到及时、准确、完整、有效，并具有可追溯性。

（4）施工质量自控的有效制度

根据实践经验的总结，施工质量自控的有效制度有：

① 质量自检制度；

② 质量例会制度；

③ 质量会诊制度；

④ 质量样板制度；

⑤ 质量挂牌制度；
⑥ 每月质量讲评制度等。

3. 施工质量的监控

（1）施工质量的监控主体

我国《建设工程质量管理条例》规定，国家实行建设工程质量监督管理制度。建设单位、监理单位、设计单位及政府的工程质量监督部门，在施工阶段依据法律法规和工程施工承包合同，对施工单位的质量行为和质量状况实施监督控制。

设计单位应当就审查合格的施工图纸设计文件向施工单位作出详细说明；应当参与建设工程质量事故分析，并对因设计造成的质量事故，提出相应的技术处理方案。

建设单位在领取施工许可证或者开工报告前，应当按照国家有关规定办理工程质量监督手续。

作为监控主体之一的项目监理机构，在施工作业实施过程中，根据其监理规划与实施细则，采取现场旁站、巡视、平行检验等形式，对施工质量进行监督检查，如发现工程施工不符合工程设计要求、施工技术标准和合同约定的，有权要求建筑施工企业改正。监理机构应进行检查而没有检查或没有按规定进行检查的，给建设单位造成损失时应承担赔偿责任。

必须强调，施工质量的自控主体和监控主体，在施工全过程相互依存、各尽其责，共同推动着施工质量控制过程的展开和最终实现工程项目的质量总目标。

（2）现场质量检查

现场质量检查是施工质量监控的主要手段。

① 现场质量检查的内容

A. 开工前的检查，主要检查是否具备开工条件，开工后是否能连续正常施工，能否保证工程质量。

B. 工序交接检查，对于重要的工序或对工程质量有重大影响的工序，应严格执行"三检"制度（即自检、互检、专检），未经监理工程师（或建设单位项目技术负责人）检查认可，不得进行下道工序施工。

C. 隐蔽工程的检查，施工中凡是隐蔽工程必须检查认证后方可进行隐蔽掩盖。

D. 停工后复工的检查，因客观因素停工或处理质量事故等停工复工时，经检查认可后方能复工。

E. 分项、分部工程完工后的检查，应经检查认可，并签署验收记录后，才能进行下一工序的施工。

F. 成品保护的检查，检查成品有无保护措施以及保护措施是否有效可靠。

② 现场质量检查的方法

A. 目测法

目测法即凭借感官进行检查，也称观感质量检验，其手段可概括为"看、摸、敲、照"四个字。

看——就是根据质量标准要求进行外观检查，例如，清水墙面是否洁净，喷涂的密实度和颜色是否良好、均匀，工人的操作是否正常，抹灰的大面是否光滑、平整及口角是否平直，混凝土外观是否符合要求等。

摸——就是通过触摸手感进行检查、鉴别，例如油漆的光滑度，浆活是否牢固、不掉粉等。

敲——就是运用敲击工具进行音感检查，例如，对地面工程中的水磨石、面砖、石材饰面等，均应进行空鼓检查。

照——就是通过人工照明或反射光照射，检查难以看到或光线较暗的部位，例如，管道井、电梯井等内部的管线、设备安装质量，装饰顶棚内连接及设备安装质量等。

B. 实测法

实测法就是通过实测数据与施工规范、质量标准的要求及允许偏差值进行对照，以此判断质量是否符合要求，其手段可概括为"靠、量、吊、套"四个字。

靠——就是用直尺、塞尺检查诸如墙面、地面、路面等的平整度。

量——就是指用测量工具和计量仪表等检查断面尺寸、轴线、标高、湿度、温度等的偏差，例如，大理石板拼缝尺寸、摊铺沥青拌合料的温度、混凝土坍落度的检测等。

吊——就是利用托线板以及线锤吊线检查垂直度，例如，砌体垂直度检查、门窗的安装等。

套——是以方尺套方，辅以塞尺检查，例如，对阴阳角的方正、踢脚线的垂直度、预制构件的方正、门窗口及构件的对角线检查等。

C. 试验法

试验法是指通过必要的试验手段对质量进行判断的检查方法，主要包括理化试验和无损检测两种。

（3）技术核定与见证取样送检

① 技术核定

在建设工程项目施工过程中，因施工方对施工图纸的某些要求不甚明白，或图纸内部存在某些矛盾，或工程材料调整与代用，改变建筑节点构造、管线位置或走向等，需要通过设计单位明确或确认的，施工方必须以技术核定单的方式向监理工程师提出，报送设计单位核准确认。

② 见证取样送检

为了保证建设工程质量，我国规定对工程所使用的主要材料、半成品、构配件以及施工过程留置的试块、试件等应实行现场见证取样送检。见证人员由建设单位及工程监理机构中有相关专业知识的人员担任；送检的试验室应具备经国家或地方工程检验检测主管部门核准的相关资质；见证取样送检必须严格按执行规定的程序进行，包括取样见证记录、样本编号、填单、封箱、送试验室、核对、交接、试验检测、报告等。

检测机构应当建立档案管理制度。检测合同、委托单、原始记录、检测报告应当按年度统一编号，编号应当连续，不得随意抽撤、涂改。

4. 隐蔽工程验收

凡被后续施工所覆盖的施工内容，如地基基础工程、钢筋工程、预埋管线等均属隐蔽工程。加强隐蔽工程质量验收，是施工质量控制的重要环节，其程序要求施工方首先应完成自检并合格，然后填写专用的《隐蔽工程验收单》。验收单所列的验收内容应与已完的隐蔽工程实物相一致，并事先通知监理机构及有关方面，按约定时间进行验收。验收合格的隐蔽工程由各方共同签署验收记录；验收不合格的隐蔽工程，应按验收整改意见进行整改后重新验收。严格隐蔽工程验收的程序和记录，对于预防工程质量隐患，提供可追溯的质量记录具有重要作用。

5. 成品保护

装饰装修工程在施工期间，为保障成品不受施工损坏所采取的防护措施（既包括对装饰装修工程自身成品的保护，也包括对施工过程中相关的其他各分部工程成品的保护）。已完施工的成品保护问题和相应措施，在工程施工组织设计与计划阶段就应该从施工顺序上进行考虑，防止施工顺序不当或交叉作业造成相互干扰、污染和损坏；成品形成后可采取防护、覆盖、封闭、包裹等相应措施进行保护。

（1）成品保护的基本要求

1）装饰装修工程施工和保修期间，应对所施工的项目和相关工程进行成品保护；相关专业工程施工时，应对装饰装修工程进行成品保护。

2）装饰装修工程施工组织设计应包含成品保护方案，特殊气候环境下应制定专项保护方案。

3）装饰装修工程施工前，各参建单位应制定交叉作业面的施工顺序、配合和成品保护要求。

4）成品保护可采用覆盖、包裹、遮搭、围护、封堵、封闭、隔离等方式。

5）成品保护所用材料应符合国家现行相关材料规范，并符合工序质量要求。宜采用绿色、环保、可再循环使用的材料，注意二次污染。

6）成品保护重要部位应设置明显的保护标识，如玻璃幕墙、高档的卫生洁具等。

7）在已完工的装饰面层施工时，应采取防污染措施。

8）成品保护过程中应采取相应的防火措施。

9）有粉尘、喷涂作业时，作业空间的成品应做包裹、覆盖保护。

10）在成品区域进行产生高温的施工作业时，应对成品表面采用隔离防护措施，不得将产生热源的设备或工具直接放置在装饰面层上如电焊、金属切割机。

11）施工期间应对成品保护设施进行检查。对有损坏的保护设施应及时进行修复。

12）装饰装修工程竣工验收时，应提供使用手册。手册包括使用方法和注意事项；清洁方法和注意事项；日常维护和保养。

（2）装饰装修工程保护措施

1）一般规定

① 装饰面层不得接触腐蚀性物质。

② 家具、门窗的开启部分安装完成后应采取限位措施。

③ 施工过程中应妥善保护构件保护膜，并在规定的时间内去除（防止时间过久其与饰面粘结而难以清除；去除时，应用手轻撕，切不可用刀铲，防止将其表面划伤影响美观）。

④ 在已完工区域搬运重型、大型物品时，应预先确定搬运路线，搬运路线地面上应铺设满足强度要求的保护层，顶面、墙面应根据搬运物品特性设置相应的防护装置。

⑤ 装饰装修工程已完工的独立空间在清洁后应进行隔离，并采取封闭、通风、加湿、

除湿等保护措施。

2) 吊顶工程

① 当吊顶内需要安装其他设备时，不得破坏吊杆和龙骨。吊顶内设备需检修的部位，应预留检查口。

② 吊顶工程的封板作业应在吊顶内各设备系统安装施工完毕并通过验收后进行。

3) 地面工程

① 地面养护固化期间不应放置重物。

② 在已完工地面上施工时，应采用柔性材料覆盖地面，施工通道或施工架体支承区域应再覆盖一层硬质材料。

③ 临时放置施工机具和设备时，应在底部设置防护减振材料。

④ 每阶踏步完工后，宜安装踏步护角板；梯段完工后应将每阶踏步护角板连成整体。

⑤ 石材地面、饰面砖地面表面清理干净后，应采用柔性透气材质完全覆盖。

⑥ 玻璃地面安装后不得拖拽、放置重物。

⑦ 木地板地面应采取遮光措施避免阳光直射木地板。

⑧ 木地面清洁时应保持干燥，不得使用尖锐的工具和易腐蚀面层的化学清洁剂。

⑨ 地毯：胶粘地毯在胶未固化前不应踩踏。

⑩ 不得碾压满铺的地毯。

⑪ 油漆地面：漆膜未达到要求前不得踩踏。

⑫ 不得在油漆地面上拖拽物品。

⑬ 塑胶地面：严禁60℃以上的热源或尖锐物体触碰塑胶地面。

4) 隔墙工程

① 隔墙龙骨施工期间不得在龙骨间隙传递材料和通行，不得对龙骨架和面板施加额外荷载。

② 多孔介质材料在施工前不应开封，当安装完成后不能封板时，应采用塑料薄膜覆盖密封。

5) 饰面板（砖）工程

① 饰面板（砖）工程中表面易受污染、碰撞损伤的部位宜先用柔性材料做面层保护，再用硬质材料围护，具体方法及措施应在施工方案中明确。

② 石材、饰面板（砖）安装完工后，粘结层固化前，不得剧烈振动饰面材料。

③ 需现场刷油漆的木饰面进场后应及时涂刷一遍底漆。

④ 应在玻璃饰面、金属饰面上设置防撞警示标识。

6) 门窗工程

① 已安装门窗框的洞口，不应再用作运料通道。

② 不得在安装完毕的门窗上安放施工架体、悬挂重物。施工人员不得踩踏、碰撞已安装完工的门窗。

③ 应保持门窗玻璃内外保护膜的完整，清理保护膜和污染物时，不得使用利器，不得使用对门窗框、玻璃、配件有腐蚀性的清洁剂。

④ 五金配件应与门扇同时安装，没有限位装置的门应用柔性材料限位并防止碰撞。

⑤ 在旋转门上方作业时，应对旋转门的框体及门扇采取保护措施，不得利用旋转门

的框架作为作业平台。自动门的感应器安装后应处于关闭状态。

7）抹灰与涂饰工程

① 应对完工后的抹灰与涂饰工程阳角、凸出处用硬质材料围护保护。

② 不同材质的喷涂作业不得同时进行。

8）裱糊与软包工程

① 有粉尘作业时，应对墙纸、壁布及软包饰面采用包裹保护。

② 在已完工的裱糊和软包饰面开凿打洞时，应采取遮盖周边装饰面、接灰、防水等保护措施。

9）细部工程

① 不得在已安装完毕的固定家具台面、隔板上放置物品，抽屉、柜门应处于闭合状态。

② 窗帘盒、窗台板及门窗套安装完工后，应对有可能受到碰撞的部位进行保护。

10）幕墙工程

① 施工设备拆除时应有防止碰撞幕墙的措施。

② 幕墙工程完成后，应在幕墙外侧设围挡围护，并设警示标识。

11）防水工程

① 不得在防水层上剔凿、开洞、钻孔以及进行电气焊等高温作业。

② 严禁重物、带尖物品等直接放置在防水层表面。

（3）相关专业工程保护措施

1）装饰装修工程施工过程中不得损坏主体结构、设备系统等其他分部分项工程成品；结构、设备系统施工不得损坏装饰装修工程成品。

2）不得在设备上方进行施工作业。当确需在设备上方进行施工作业时，应在设备上方覆盖硬质材料进行防护，不得踩踏设备和管线。当设备可能承受荷载或外力撞击时，应采用硬质材料围护，并应设防碰撞标识。施工架体不得搭靠在管道或设备上。

3）严禁在预应力构件上进行开凿、打孔、焊接等作业；不得对施工完毕的保温墙体擅自开凿孔洞；不得在安装好的托、吊管道上搭设架体或吊挂物品；不得碰撞和踩踏各种管道；不得在地暖铺管区域地面上进行钻孔、打钉、切割、电气焊等操作。

4）装饰装修工程施工时，卫生器具上不得放置无关物品；风管上不得放置材料及工具。

5）管道刷漆时应采取措施防止污染装饰层。抹灰、垫层、镶贴等工程施工前，基层内预埋的穿线盒、暗装配电箱、地面暗装插座等应做临时封堵。

6）当末端装置安装完成后装饰装修工程仍需进行局部调整施工时，应重新检查作业区域内已安装完成的末端装置的保护措施。

7）电梯轿厢的立面、顶面宜采用硬质板材覆盖；电梯控制面板表面保护膜应至少保留至工程交付；运料电梯的门槛应设置抗压过桥保护；电梯口应做临时挡水台。

（四）设置施工质量控制点的原则和方法

施工质量控制点的设置是施工质量计划的重要组成内容，施工质量控制点是施工质量控制的重点对象。

1. 质量控制点的设置原则

质量控制点应选择那些技术要求高、施工难度大、对工程质量影响大或是发生质量问题时危害大的对象进行设置。一般选择下列部位或环节作为质量控制点：

(1) 对工程质量形成过程产生直接影响的关键部位、工序、环节及隐蔽工程。
(2) 施工过程中的薄弱环节，或者质量不稳定的工序、部位或对象。
(3) 对下道工序有较大影响的上道工序。
(4) 采用新技术、新工艺、新材料的部位或环节。
(5) 施工质量无把握的、施工条件困难的或技术难度大的工序或环节。
(6) 用户反馈指出的和过去有过返工的不良工序。

一般建筑装饰装修工程质量控制点的设置可参考表 4-1。

建筑装饰装修工程质量控制点　　表 4-1

子分部工程	质量控制点设置
抹灰工程	空鼓、开裂和烂根，平整度、阴阳角垂直、方正度、踢脚板和水泥墙裙出墙厚度，接槎、颜色
门窗工程	合页、螺栓、合页槽，标高、尺寸
吊顶工程	造型位置、标高、尺寸，预留洞孔位置、尺寸，预埋件的位置，吊顶的承载力、平整度和稳定性，吊顶接缝，吊杆和龙骨的结构稳定性、平整度
轻质隔墙工程	龙骨的规格、间距，面板间留缝，自攻螺栓的间距
饰面板工程	面层材料平整、洁净、色泽一致性，骨架安装或骨架防锈处理，安装高低差、平整度，孔洞应套割吻合、边缘整齐
饰面砖工程	石材色差、泛碱、水渍，骨架安装或骨架防锈处理，安装高低差、平整度
幕墙工程	施工方资质、施工方案和相关人员资格证件，原材料、五金配件、构件及组件，性能检测报告和需复试项目的复试报告，现场检测和复试项目进行见证抽样，构架刚度、位移能力，受力构件用材的壁厚，主要承力和传力的可靠性，立柱的连接方式，断缝处理及防火措施设置
涂饰工程	基层清理，阴阳角偏差，平整度，阴阳角方正度，涂料的遍数，漏底，均匀度，刷纹
裱糊与软包工程	基层起砂、空鼓、裂缝，壁纸裁纸准确度，壁纸裱糊气泡、皱褶、翘边、脱落、死塌
细部工程	木龙骨、衬板防腐防火，龙骨、衬板、面板的含水率，面板花纹、颜色，纹理，面板安装钉子间距，饰面板背面刷乳胶，饰面板变形、污染
外墙防水工程	外墙砂浆防水，涂膜防水，透气膜防水
建筑地面工程	材料板块尺寸、颜色差异，面层材料色差、返碱、水渍，安装高低差、平整度、空鼓、裂缝，地面砖排版、砖缝不直、宽窄不均匀、勾缝不实

2. 质量控制点的重点控制对象

质量控制点的选择要准确，还要根据对重要质量特性进行重点控制的要求，选择质量控制点的重点部位、重点工序和重点的质量因素作为质量控制点的控制对象，进行重点预控和监控，从而有效地控制和保证施工质量。质量控制点的重点控制对象主要包括以下几个方面：

(1) 人的行为：某些操作或工序，应以人为重点的控制对象，如高空、高温、水下、易燃易爆、重型构件吊装作业以及操作要求高的工序和技术难度大的工序等，都应从人的生理、心理、技术能力等方面进行控制。

(2) 材料的质量与性能：这是直接影响工程质量的重要因素，在某些工程中应作为控制的重点，如钢结构工程中使用的高强度螺栓、某些特殊焊接使用的焊条，都应重点控制其材质与性能；又如水泥的质量是直接影响抹灰工程质量的关键因素，施工中就应对进场的水泥质量进行重点控制，必须检查核对其出厂合格证，并按要求进行凝结时间和安定性的复验等。

(3) 施工方法与关键操作：某些直接影响工程质量的关键操作应作为控制的重点，如顶棚工程中对吊杆的控制，吊杆的位置、间距、规格及连接方式是保证顶棚质量的关键点，同时，那些易对工程质量产生重大影响的施工方法，也应列为控制的重点，如天然石材饰面安装的方法是采用湿贴法还是干挂法。

(4) 施工技术参数：如混凝土的外加剂掺量、水灰比，回填土的含水量，砌体的砂浆饱满度，防水混凝土的抗渗等级，建筑物沉降与基坑边坡稳定监测数据，大体积混凝土内外温差及混凝土冬期施工受冻临界强度等技术参数都是应重点控制的质量参数与指标。

(5) 技术间歇：有些工序之间必须留有必要的技术间歇时间，如砌筑与抹灰之间，应在墙体砌筑后留 28d 时间，让墙体充分沉降、稳定、干燥，然后再抹灰，抹灰层干燥后，才能喷白、刷浆；混凝土浇筑与模板拆除之间，应保证混凝土有一定的硬化时间，达到规定拆模强度后方可拆除等。

(6) 施工顺序：对于某些工序之间必须严格控制先后的施工顺序。

(7) 易发生或常见的质量通病：如混凝土工程的蜂窝、麻面、空洞，墙、地面、屋面工程渗水、漏水、空鼓、起砂、裂缝等，都与工序操作有关，均应事先研究对策，提出预防措施。

(8) 新技术、新材料、新设备及新工艺的应用：由于缺乏经验，施工时应将其作为重点进行控制。

(9) 产品质量不稳定和不合格率较高的工序应列为重点，认真分析，严格控制。

(10) 特殊地基或特种结构：对于湿陷性黄土、膨胀土等特殊土地基的处理，以及大跨度结构、高耸结构等技术难度较大的施工环节和重要部位，均应予以特别的重视。

3. 质量控制点的管理

设定了质量控制点，质量控制的目标及工作重点就更加明晰。

首先，要做好施工质量控制点的事前质量预控工作，包括：明确质量控制的目标与控制参数；编制作业指导书和质量控制措施；确定质量检查检验方式及抽样的数量与方法；明确检查结果的判断标准及质量记录与信息反馈要求等。

其次，要向施工作业班组进行认真交底，使每一个控制点上的作业人员明白作业规程及质量检验评定标准，掌握施工操作要领。施工过程中，相关技术管理和质量控制人员要在现场进行重点指导和检查验收。

最后，还要做好施工质量控制点的动态设置和动态跟踪管理。所谓动态设置，是指在工程开工前、设计交底和图纸会审时，可确定项目的质量控制点，随着工程的展开、施工条件的变化，随时或定期进行控制点的调整和更新。动态跟踪是应用动态控制原理，落实专人负责跟踪和记录控制点质量控制的状态和效果，并及时向企业管理组织的高层管理者反馈质量控制信息，保持施工质量控制点的受控状态。

对于危险性较大的分部分项工程或特殊施工过程，除按一般过程质量控制的规定执行外，还应由专业技术人员编制专项施工方案或作业指导书，经项目技术负责人审批及监理工程师签字后执行。超过一定规模的危险性较大的分部分项工程，还要组织专家对专项方案进行论证。作业前施工员、技术员做好交底和记录，使操作人员在明确工艺标准、质量要求的基础上进行作业。为保证质量控制点的目标实现，应严格按照三检制进行检查控制。在施工中发现质量控制点有异常时，应立即停止施工，召开分析会，查找原因采取对策予以解决。

施工单位应积极主动地支持、配合监理工程师的工作，应根据现场工程监理机构的要求，对施工作业质量控制点，按照不同的性质和管理要求，细分为"见证点"和"待检点"进行施工质量的监督和检查。凡属"见证点"的施工作业，如重要部位、特种作业、专门工艺等，施工方必须在该项作业开始前48h，书面通知现场监理机构到位旁站，见证施工作业过程；凡属"待检点"的施工作业，如隐蔽工程等，施工方必须在完成施工质量自检的基础上，提前48h通知项目监理机构进行检查验收，然后才能进行工程隐蔽或下道工序的施工。未经项目监理机构检查验收合格，不得进行工程隐蔽或下道工序的施工。

（五）确定装饰装修施工质量控制点

1. 室内防水工程的施工质量控制点

（1）厕浴间的基层（找平层）可采用1:3水泥砂浆找平，厚度20mm抹平压光、坚实平整，不起砂，要求基本干燥；泛水坡度应在2%以上，不得倒坡积水；在地漏边缘向外50mm内排水坡度为5%。

（2）浴室墙面的防水层不得低于1800mm。

（3）玻纤布的接槎应顺流水方向搭接，搭接宽度应不小于100mm，两层以上玻纤布的防水施工，上、下搭接应错开幅宽的二分之一。

（4）在墙面和地面相交的阴角处，出地面管道根部和地漏周围，应先做防水附加层。

2. 抹灰工程的施工质量控制点

（1）控制点
① 空鼓、开裂和烂根。
② 抹灰面平整度，阴阳角垂直、方正度。
③ 踢脚板和水泥墙裙等上口出墙厚度控制。
④ 接槎，颜色。

（2）预防措施
① 基层应清理干净，抹灰前要浇水湿润，注意砂浆配合比，使底层砂浆与楼板粘结

牢固；抹灰时应分层分遍压实，施工完后及时浇水养护。

② 抹灰前要认真用托线板、靠尺对抹灰墙面尺寸预测摸底，安排好阴阳角不同两个面的灰层厚度和方正，认真做好灰饼、冲筋；阴阳角处用方尺套方，做到墙面垂直、平顺、阴阳角方正。

③ 踢脚板、墙裙施工操作要仔细，认真吊垂直、拉通线找直找方，抹完灰后用板尺将上口刮平、压实、赶光。

④ 要采用同品种、同强度等级的水泥，严禁混用，防止颜色不均；接槎应避免在块中，应用在分格条处。

3. 门窗工程的施工质量控制点

（1）控制点
① 门窗洞口预留尺寸。
② 固定片的定点与固定。
③ 上下层门窗顺直度，左右门窗安装标高。

（2）预防措施
① 门窗洞口尺寸规格应保证基本符合标准，且原则上框体与洞口之间的间隙应保证在25mm左右，其偏差范围应控制在±10mm。

② 在安装门窗框体时，固定片的四周间距为不大于150mm，中间为不大于500mm，固定片应内高外低（如地方规范或设计要求间距缩小的，应严格按照要求执行）。固定片固定点（钉位置）距离结构边不小于50mm，固定片长度需根据现场结构情况选择合适长度，不宜过长。严禁固定片直接连接在外墙面。

③ 安装人员必须按照工艺要点施工，安装前先弹线找规矩，做好准备工作后，先安样板，合格后再全面安装。

4. 饰面板（砖）石材工程的施工质量控制点

（1）控制点
① 石材挑选，色差，返碱，水渍。
② 骨架安装或骨架防锈处理。
③ 石材安装高低差、平整度。
④ 石材运输、安装过程中磕碰。

（2）预防措施
① 石材选样后进行封样，按照选样石材，对进场的石材检验挑选，对于色差较大的应进行更换。湿作业施工前应对石材侧面和背面进行返碱背涂处理。

② 严格按照设计要求的骨架固定方式，固定牢固，后置埋件应做现场拉拔试验，必须按要求刷防锈漆处理。

③ 安装石材应吊垂直线和拉水平线控制，避免出现高低差。

④ 石材在运输、二次加工、安装过程中注意不要磕碰。

5. 地面石材工程的施工质量控制点

(1) 控制点

① 基层处理。

② 石材色差，加工尺寸偏差，板厚差。

③ 石材铺装空鼓，裂缝，板块之间高低差。

④ 石材铺装平整度、缺棱掉角，板块之间缝隙不直或出现大小头。

(2) 预防措施

① 基层在施工前一定要将落地灰等杂物清理干净。

② 石材进场时必须进行检验与样板对照，并对石材每一块进行挑选检查，符合要求的留下，不符合要求的放在一边。铺装前对石材与水泥砂浆交接面涂刷抗碱防护剂。

③ 石材铺装时应预铺，符合要求后正式铺装，保证干硬性砂浆的配合比和结合层砂浆的配合比及涂刷时间，保证石材铺装下的砂浆饱满。

④ 石材铺装好后加强保护，严禁随意踩踏，铺装时，应用水平尺检查。对缺棱掉角的石材应挑选出来，铺装时应拉线找直，控制板块的安装边平直。

6. 地面面砖工程的施工质量控制点

(1) 控制点

① 地面砖釉面色差及棱边缺损，面砖规格偏差翘曲。

② 地面砖空鼓、断裂。

③ 地面砖排版、砖缝不直、宽窄不均匀、勾缝不实。

④ 地面出现高低差，平整度。

⑤ 有防水要求的房间地面找坡、管道处套割。

⑥ 地面砖出现小窄边、破损。

(2) 预防措施

① 施工前地面砖需要挑选，将颜色、花纹、规格尺寸相同的砖挑选出来备用。

② 地面基层一定要清理干净，地砖在施工前必须提前浇水湿润，保证含水率，地面铺装砂浆时应先将板块试铺后，检查干硬性砂浆的密实度，安装时用橡皮锤敲实，保证不出现空鼓、断裂。

③ 地面铺装时一定要做出灰饼标高，拉线找直，水平尺随时检查平整度；擦缝要仔细。

④ 有防水要求的房间，按照设计要求找出房间的流水方向找坡；套割仔细。

7. 轻钢龙骨隔墙工程施工质量控制点

(1) 控制点

① 基层弹线。

② 龙骨的规格、间距。

③ 自攻螺栓的间距。

④ 石膏板间留缝。

（2）预防措施

① 按照设计图纸进行定位并做预检记录。
② 检查隔墙龙骨的安装间距是否与交底相符合。
③ 自攻螺栓的间距控制在 150mm 左右，要求均匀布置。
④ 板块之间应预留的缝隙保证在 5mm 左右。

8. 涂料工程的施工质量控制点

（1）控制点
① 基层清理。
② 墙面修补不好，阴阳角偏差。
③ 墙面腻子平整度，阴阳角方正度。
④ 涂料的遍数、漏底、均匀度、刷纹等情况。

（2）预防措施
① 基层一定要清理干净，有油污的应用 10% 的火碱水液清洗，松散的墙面和抹灰应清除，修补牢固。
② 墙面的空鼓、裂缝等应提前修补。
③ 涂料的遍数一定要保证，保证涂刷均匀；控制基层含水率。
④ 对涂料的稠度必须控制，不能随意加水等。

9. 裱糊工程施工质量控制点

（1）控制点
① 基层起砂、空鼓、裂缝等问题。
② 壁纸裁纸准确度。
③ 壁纸裱糊气泡、皱褶、翘边、脱落、死塌等缺陷。
④ 表面质量。

（2）预防措施
① 贴壁纸前应对墙面基层用腻子找平，保证墙面的平整度，并且不起灰，基层牢固。
② 壁纸裁纸时应搭设专用的裁纸平台，采用铝尺等专用工具。
③ 裱糊过程中应按照施工规程进行操作，必须润纸的应提前进行，保证质量；刷胶要均匀、厚薄一致，滚压均匀。
④ 施工时应注意表面平整，因此，先要检查基层的平整度；施工时应戴白手套；接缝要直，阴角处壁纸宜断开。

10. 细部工程（木护墙、木筒子板）的施工质量控制点

（1）控制点
① 木龙骨、衬板防腐防火处理。
② 龙骨、衬板、面板的含水率要求。
③ 面板花纹、颜色，纹理。
④ 面板安装钉子间距，饰面板背面刷乳胶。

⑤ 饰面板变形、污染。

(2) 预防措施

① 木龙骨、衬板必须提前做防腐、防火处理。

② 龙骨、衬板、面板含水率控制在12%左右。

③ 面板进场时应加强检验，在施工前必须进行挑选，按设计要求的花纹达到一致，在同一墙面、房间要颜色一致。

④ 施工时应按照要求进行施工，注意检查。

⑤ 饰面板进场后，应刷底漆封一遍。

11. 幕墙工程的施工质量控制点

(1) 控制点

① 审核幕墙工程施工方资质、施工方案和相关人员资格证件。

② 审核幕墙二次设计图纸内容和相关手续。

③ 检查用于幕墙工程各种原材料、五金配件、构件及组件的产品合格证，性能检测报告和需复试项目的复试报告。

④ 对幕墙工程现场检测和复试项目进行见证抽样并送检。

⑤ 检查幕墙的构架刚度及位移能力。

⑥ 检查幕墙主要受力构件用材的壁厚。

⑦ 检查连接幕墙的各种埋件的符合性。

⑧ 检查幕墙各主要承力和传力的可靠性。

⑨ 检查幕墙立柱的连接方式。

⑩ 检查幕墙的间断缝处理及防火措施设置。

(2) 预防措施

① 要求其施工队伍资质等级、安全生产许可证和特工种作业人员资格、上岗证应齐全并有效。施工方案、方法、措施和标准应符合设计和相关规范、规程的有关要求，同时符合和满足施工现场实际需要。

② 分包专业二次深化设计图纸的主要内容、布局形式用材和色调等应符合原设计构思风格的要求。其深化的具体内容（骨架与基体的连接、骨架自身体的连接、各细部节点连接大样、型材规格尺寸、防雷、排水构造等）应符合相关规范、规程的标准要求，并经原设计审核签字方为有效。

③ 其材质和性能指标及复试内容指标均应符合设计及相关规定的要求。

④ 幕墙及其连接件应有足够的承载能力、刚度和相对主体结构的位移能力（幕墙构架立柱的连接金属角码与其他连接件应采用螺栓连接，并有防松动措施）。

⑤ 幕墙立柱，横梁截面受力部分的壁厚应经计算确定，且铝合金型材不应小于3.0mm，钢型材不应小于3.5mm。单元幕墙连接处和吊挂处的铝合金型材壁厚应通过计算确定，并不得小于5.0mm。

⑥ 主体结构与幕墙连接的各种预埋件（或后置埋件）其数量、规格、位置和防腐处理应符合设计要求。

⑦ 幕墙金属框架与主体结构埋件连接，立柱与横梁连接，幕墙面板的安装必须符合

设计要求,且安装必须牢固。

⑧ 幕墙立柱应采用螺栓与角码连接,螺栓直径应经计算,并不小于 10mm。不同金属材料接触时应垫绝缘片分隔。

⑨ 幕墙的抗震缝、伸缩缝、沉降缝等的设置应符合设计要求。其处理应保证使用功能和饰面的完整性。

⑩ 幕墙的防火应符合相关设计防火规范的标准要求,并应在楼板处形成防火带,其防火层隔离措施的衬板,应为经防腐处理且厚度不小于 1.5mm 的钢板(不得采用铝板);防火层密封材料应采用防火密封胶;防火层与玻璃不应直接接触,且一块玻璃不应跨两个防火分区。

12. 抹灰工程的施工质量控制点

(1) 控制点
① 空鼓、开裂和烂根。
② 抹灰面平整度,阴阳角垂直、方正度。
③ 踢脚板和水泥墙裙等上口出墙厚度控制。
④ 接槎,颜色。

(2) 预防措施
① 基层应清理干净,抹灰前要浇水湿润,注意砂浆配合比,使底层砂浆与楼板粘结牢固;抹灰时应分层分遍压实,施工完后及时浇水养护。
② 抹灰前要认真用托线板、靠尺对抹灰墙面尺寸预测摸底,安排好阴阳角不同两个面的灰层厚度和方正,认真做好灰饼、冲筋;阴阳角处用方尺套方,做到墙面垂直、平顺、阴阳角方正。
③ 踢脚板、墙裙施工操作要仔细,认真吊垂直、拉通线找直找方,抹完灰后用板尺将上口刮平、压实、赶光。
④ 要采用同品种、同强度等级的水泥,严禁混用,防止颜色不均;接槎应避免在块中,应用在分格条处。

五、装饰装修施工试验的内容、方法和判定标准

（一）外墙饰面砖粘结强度检验

1. 饰面砖粘结强度复验

带饰面砖的预制构件进入施工现场后，应对饰面砖粘结强度进行复验。复验应以每 $500m^2$ 同类带饰面砖的预制构件为一个检验批，不足 $500m^2$ 应为一个检验批。每批应取一组 3 块板，每块板应制取 1 个试样对饰面砖粘结强度进行检验。

2. 现场粘贴外墙饰面砖的要求

（1）施工前应对饰面砖样板粘结强度进行检验。每种类型的基体上应粘贴不小于 $1m^2$ 饰面砖样板，每个样板应各制取一组 3 个饰面砖粘结强度试样，取样间距不得小于 500mm。大面积施工应采用饰面砖样板粘结强度合格的饰面砖、粘结材料和施工工艺。

（2）现场粘贴施工的外墙饰面砖，应对饰面砖粘结强度进行检验。现场粘贴饰面砖粘结强度检验应以每 $500m^2$ 同类基体饰面砖为一个检验批，不足 $500m^2$ 应为一个检验批。每批应取不少于一组 3 个试样，每连续三个楼层应取不少于一组试样，取样宜均匀分布。

（3）当按现行行业标准《外墙饰面砖工程施工及验收规程》JGJ 126—2015 采用水泥基粘结材料粘贴外墙饰面砖后，可按水泥基粘结材料使用说明书的规定时间或样板饰面砖粘结强度达到合格的龄期，进行饰面砖粘结强度检验。当粘贴后 28d 以内达不到标准或有争议时，应以 28~60d 内约定时间检验的粘结强度为准。

3. 粘结强度检验评定

（1）带饰面砖的预制构件，当一组试样均符合判定指标要求时，判定其粘结强度合格；当一组试样均不符合判定指标要求时，判定其粘结强度不合格；当一组试样仅符合判定指标的一项要求时，应在该组试样原取样检验批内重新抽取两组试样检验，若检验结果仍有一项不符合判定指标要求时，则判定其粘结强度不合格。判定指标应符合下列规定：

1）每组试样平均粘结强度不应小于 0.6MPa。

2）每组允许有一个试样的粘结强度小于 0.6MPa，但不应小于 0.4MPa。

（2）现场粘贴的同类饰面砖，当一组试样均符合判定指标要求时，判定其粘结强度合格；当一组试样均不符合判定指标要求时，判定其粘结强度不合格；当一组试样仅符合判定指标的一项要求时，应在该组试样原取样检验批内重新抽取两组试样检验，若检验结果仍有一项不符合判定指标要求时，则判定其粘结强度不合格。判定指标应符合下列规定：

1）每组试样平均粘结强度不应小于 0.4MPa。

2）每组允许有一个试样的粘结强度小于0.4MPa，但不应小于0.3MPa。

（二）饰面板后置埋件现场拉拔检验

混凝土结构后锚固工程质量的现场检验分为非破损检验和破坏性检验。一般后锚固件应进行抗拔承载力现场非破损检验；安全等级为一级的后锚固构件、悬挑结构和构件、对后锚固设计参数有疑问、对该工程锚固质量有怀疑的后锚固件应进行破坏性检验。受现场条件限制无法进行原位破坏性检验时，可在工程施工的同时，现场浇筑同条件的混凝土块体作为基材安装锚固件，并应按规定的时间进行破坏性检验，且应事先征得设计和监理单位的书面同意，并在现场见证试验。

1. 抽样规则

（1）对锚固件质量进行现场检验抽样时，应以同品种、同规格、同强度等级的锚固件安装于锚固部位基本相同的同类构件为一检验批，并应从每一检验批所含的锚固件中进行抽样。

（2）现场破坏性检验宜选择锚固区以外的同条件位置，应取每一检验批锚固件总数的0.1%且不少于5件进行检验。锚固件为植筋且数量不超过100件时，可取3件进行检验。

（3）现场非破损检验的抽样数量，应符合下列规定：

1）锚栓锚固质量的非破损检验

① 对重要结构构件及生命线工程的非结构构件，应按表5-1规定的抽样数量对该检验批的锚栓进行检验；

重要结构构件及生命线工程的非结构构件锚栓锚固质量非破损检验抽样表　　表5-1

检验批的锚栓总数（件）	≤100	500	1000	2500	≥5000
按检验批锚栓总数计算的最小抽样量	20%且不少于5件	10%	7%	4%	3%

② 对一般结构构件，应取重要结构构件抽样量的50%且不少于5件进行检验；

③ 对非生命线工程的非结构构件，应取每一检验批锚固件总数的0.1%且不少于5件进行检验。

2）植筋锚固质量的非破损检验

① 对重要结构构件及生命线工程的非结构构件，应取每一检验批植筋总数的3%且不少于5件进行检验；

② 对一般结构构件，应取每一检验批植筋总数的1%且不少于3件进行检验；

③ 对非生命线工程的非结构构件，应取每一检验批锚固件总数的0.1%且不少于3件进行检验。

3）胶粘的锚固件，其检验宜在锚固胶达到其产品说明书标示的固化时间的当天进行。若因故需推迟抽样与检验日期，除应征得监理单位同意外，推迟不应超过3d。

2. 检验结果评定

（1）非破损检验的评定，应按下列规定进行：

1) 试样在持荷期间，锚固件无滑移、基材混凝土无裂纹或其他局部损坏迹象出现，且加载装置的荷载示值在 2min 内无下降或下降幅度不超过 5% 的检验荷载时，应评定为合格；

2) 一个检验批所抽取的试样全部合格时，该检验批应评定为合格检验批；

3) 一个检验批中不合格的试样不超过 5% 时，应另抽 3 根试样进行破坏性检验，若检验结果全部合格，该检验批仍可评定为合格检验批；

4) 一个检验批中不合格的试样超过 5% 时，该检验批应评定为不合格，且不应重做检验。

(2) 破坏性检验结果不满足《混凝土结构后锚固技术规程》JGJ 145—2013 的规定时，应判定该检验批后锚固连接不合格，并应会同有关部门根据检验结果，研究采取专门措施处理。

（三）建筑外门窗气密性、水密性、抗风压性能现场检测

1. 试件数量

相同类型、结构及规格尺寸的试件，应至少检测三樘，且以三樘为一组进行评定。

2. 气密性能

门窗气密性能以单位缝长空气渗透量 q_1 或单位面积空气渗透量 q_2 为分级指标，门窗气密性能分级应符合表 5-2 的规定。

建筑外门窗气密性能分级表　　表 5-2

分级	1	2	3	4	5	6	7	8
分级指标值 $q_1/[m^3/(m^2 \cdot h)]$	$4.0 \geq q_1 > 3.5$	$3.5 \geq q_1 > 3.0$	$3.0 \geq q_1 > 2.5$	$2.5 \geq q_1 > 2.0$	$2.0 \geq q_1 > 1.5$	$1.5 \geq q_1 > 1.0$	$1.0 \geq q_1 > 0.5$	$q_1 \leq 0.5$
分级指标值 $q_2/[m^3/(m^2 \cdot h)]$	$12 \geq q_2 > 10.5$	$10.5 \geq q_2 > 9.0$	$9.0 \geq q_2 > 7.5$	$7.5 \geq q_2 > 6.0$	$6.0 \geq q_2 > 4.5$	$4.5 \geq q_2 > 3.0$	$3.0 \geq q_2 > 1.5$	$q_2 \leq 1.5$

注：第 8 级应在分级后同时注明具体分级指标值

3. 水密性能

门窗的水密性能以严重渗漏压力差值的前一级压力差值 Δp 为分级指标，分级应符合表 5-3 的规定。

建筑外门窗水密性能分级表　单位：Pa　　表 5-3

分级	1	2	3	4	5	6
分级指标值 Δp	$100 \leq \Delta p < 150$	$150 \leq \Delta p < 250$	$250 \leq \Delta p < 350$	$350 \leq \Delta p < 500$	$500 \leq \Delta p < 700$	$\Delta p \geq 700$

4. 抗风压性能

门窗抗风压性能以定级检测压力 p_3 为分级指标，分级应符合表 5-4 的规定。

建筑外门窗抗风压性能分级表　单位：kPa　　表5-4

分级	1	2	3	4	5	6	7	8	9
分级指标值 p_3	$1.0 \leqslant p_3 < 1.5$	$1.5 \leqslant p_3 < 2.0$	$2.0 \leqslant p_3 < 2.5$	$2.5 \leqslant p_3 < 3.0$	$3.0 \leqslant p_3 < 3.5$	$3.5 \leqslant p_3 < 4.0$	$4.0 \leqslant p_3 < 4.5$	$4.5 \leqslant p_3 < 5.0$	$p_3 \geqslant 5.0$

注：第9级应在分级后同时注明具体分级指标值

（四）水泥混凝土和水泥砂浆强度

检验同一施工批次、同一配合比水泥混凝土和水泥砂浆强度的试块，应按每一层（或检验批）建筑地面工程不少于1组。当每一层（或检验批）建筑地面工程面积大于1000m²时，每增加1000m²应增做1组试块；小于1000m²按1000m²计算，取样1组；检验同一施工批次、同一配合比的散水、明沟、踏步、台阶、坡道的水泥混凝土、水泥砂浆强度的试块，应按每150延长米不少于1组。强度等级应符合设计要求。

（五）有防水要求地面蓄水试验、泼水试验

厕浴间防水层施工完毕，检查防水隔离层应采用蓄水方法，蓄水深度最浅处不得小于10mm，蓄水时间不得少于24h；蓄水前临时堵严地漏或排水口部位，确认无渗漏时再做保护层或面层。饰面层完工后还应在其上继续做第二次24h蓄水试验，以最终无渗漏时为合格方可验收。检查有防水要求的建筑地面的面层应采用泼水方法，不得有倒坡积水现象。

（六）幕墙工程施工试验

1. 建筑幕墙物理性能检测

建筑幕墙的主要物理性能检测是指抗风压变形性能、气密性能、水密性能（通常称为"三性试验"）。有抗震要求的幕墙应增加幕墙层间变形性能检测，有节能要求的幕墙还应增加有关节能性能的检测。"三性试验"按《建筑幕墙气密、水密、抗风压性能检测方法》GB/T 15227—2019的规定进行，应在幕墙工程构件大批量制作、安装前完成。

（1）试件要求

1）试件应有足够的尺寸和配置，且应包括典型的垂直接缝、水平接缝和可开启部分，试件上可开启部分占试件总面积的比例与实际工程接近，试件应能代表建筑幕墙典型部分的性能。

2）试件材料、规格和型号等应与生产厂家所提供图样一致。

3）试件宽度至少应包括一个承受设计荷载的垂直承力构件。试件高度至少应包括一个层高，并在垂直方向上应有两处或两处以上和承重结构相连接。

4）抗风压性能检测需要对面板变形进行测量时，幕墙试件至少应包括2个承受设计

荷载的垂直承力构件和 3 个横向分格，所测量挠度的面板应能模拟实际状态。

5）全玻璃幕墙试件应有一个完整跨距高度，宽度应至少有 3 个玻璃横向分格或 4 个玻璃肋。

6）单元式幕墙至少应有一个单元的四边与邻近单元形成的接缝与实际工程相同，且高度应大于 2 个层高，宽度不应小于 3 个横向分格。

7）点支承幕墙试件应满足以下要求：

① 至少应有 4 个与实际工程相符的玻璃面板或一个完整的十字接缝，支承结构至少应有一个典型承力单元。

② 张拉索杆体系支承结构应按照实际支承跨度进行测试，预张拉力应与设计值相符，张拉索杆体系宜检测拉索的预张力。

③ 当支承跨度大于 18m 时，可用玻璃面板及其支承装置的性能测试和支承结构的结构静力试验模拟幕墙系统的测试。玻璃面板及其支承装置的性能测试至少应检测四块与实际工程相符的玻璃面板及一个典型十字接缝。

④ 采用玻璃肋支承的点支承幕墙同时应满足全玻璃幕墙的规定。

8）双层幕墙的试件应满足以下要求：

① 双层幕墙宽度应有 3 个或 3 个以上横向分格，高度不应小于 2 个层高，并符合设计要求。

② 内外层幕墙边部密封应与实际工程一致。

③ 外循环应具有与实际工程相符的层间通风调节，检测时可关闭通风调节装置。

（2）性能分级

1）建筑幕墙的气密、水密、抗风压性能分级和指标值应符合《建筑幕墙、门窗通用技术条件》GB/T 31433—2015 的规定。气密性能以可开启部分单位缝长空气渗透量 q_L 和幕墙整体单位面积空气渗透量 q_A 为分级指标，水密性能以严重渗漏压力差值的前一级压力差值 Δp 为分级指标，抗风压性能以定级检测压力 p_3 为分级指标。

2）开放式幕墙的背部有气密性能要求时，以包括背部的试件单位面积空气渗透量作为分级指标；进行抗风压性能检测时，应采用柔性密封材料对开放式幕墙面板缝隙进行密闭后再进行检测。

3）双层幕墙的气密性能以其整体气密性能指标进行定级；双层幕墙的水密性能以具有水密要求的一层的幕墙水密性能指标进行定级；双层幕墙抗风压性能内、外层分别检测，分别定级。

2. 硅酮结构密封胶的剥离试验

（1）剥离试验内容：半隐框、隐框玻璃幕墙组件应对硅酮结构密封胶进行抽样剥离试验。

（2）剥离试验方法：垂直于已固化的结构胶胶条做一个切割面，沿基材面切出两个长 50mm 的胶条，用手紧握结构胶条，以大于 90°方向剥离胶条，观察剥离面的破坏情况。

（3）合格判定：硅酮结构密封胶必须是内聚性破坏，即必须是胶体本身的破坏，而不是粘结面的破坏。

（4）结构胶截面尺寸和固化程度的检查：观察结构胶切开的截面，如是闪光的表面，表示结构胶尚未完全固化；如切口表面平整，颜色均匀、暗淡，表示结构胶已完全固化。同时可以用钢尺测量结构胶的截面宽度和厚度，检查其是否符合设计要求。胶条（胶缝）尺寸不允许有负偏差。

3. 双组分硅酮结构密封胶的混匀性试验（又称"蝴蝶试验"）

混匀性（蝴蝶）试验用于检查双组分硅酮结构密封胶的混匀性，即检查黑白两种胶（基胶与固化剂）搅拌混合是否均匀。

4. 双组分硅酮结构密封胶的拉断试验（又称"胶杯"试验）

拉断（胶杯）试验是用于检查双组分硅酮结构密封胶基胶与固化剂的配合比。在一只小杯中装约3/4深度的已混合的双组分胶，用一根棒或舌状压片插入胶中，每隔5min从胶中拔出该棒；如果结构胶被拉断，说明胶体已达到拉断时间，正常拉断时间是20～45min。如果实际拉断时间不在上述范围内，说明基胶与固化剂配合比有问题，需要调整后再混合。

5. 淋水试验

将幕墙淋水装置安装在被检幕墙的外表面，喷水水嘴离幕墙的距离不应小于530mm，并应在被检幕墙表面形成连续水幕。每一检验区域喷淋面积应为1800mm×1800mm，喷水量不应小于$4L/(m^2 \cdot min)$，喷淋时间应持续5min，在室内观察有无渗漏现象发生。

6. 后置埋件拉拔试验

后置埋件应进行承载力现场试验，必要时应进行极限拉拔试验。施工单位应委托有资质的检测单位进行现场检测，并向其提出各种类型、规格锚栓的数量及每种锚栓承载力的设计值。检测单位应按照规范规定的比例采取随机抽样的方法，进行检测。

建筑幕墙工程主要物理性能检测和后置埋件拉拔试验必须委托有资质的检测单位检测，由该单位提出检测报告；上述其他四项试验都应由施工单位负责进行，监理（建设）单位进行监督和抽查。

六、装饰装修工程质量问题的分析、预防及处理方法

（一）施工质量问题的分类与识别

建设工程质量问题通常分为工程质量缺陷、工程质量通病、工程质量事故等三类。

（1）工程质量缺陷

工程质量缺陷是指建筑工程施工质量中不符合规定要求的检验项或检验点，按其程度可分为严重缺陷和一般缺陷。严重缺陷是指对结构构件的受力性能或安装使用性能有决定性影响的缺陷；一般缺陷是指对结构构件的受力性能或安装使用性能无决定性影响的缺陷。

（2）工程质量通病

工程质量通病是指各类影响工程结构、使用功能和外形观感的常见性质量损伤。犹如"多发病"一样，故称质量通病。

（3）工程质量事故

工程质量事故是指对工程结构安全、使用功能和外形观感影响较大、损失较大的质量损伤。

1) 工程质量事故的分类

工程质量事故的分类方法较多，目前国家根据工程质量事故造成的人员伤亡或者直接经济损失，工程质量事故分为4个等级：

① 特别重大事故，是指造成30人以上死亡，或者100人以上重伤，或者1亿元以上直接经济损失的事故；

② 重大事故，是指造成10人以上30人以下死亡，或者50人以上100人以下重伤，或者5000万元以上1亿元以下直接经济损失的事故；

③ 较大事故，是指造成3人以上10人以下死亡，或者10人以上50人以下重伤，或者1000万元以上5000万元以下直接经济损失的事故；

④ 一般事故，是指造成3人以下死亡，或者10人以下重伤，或者100万元以上1000万元以下直接经济损失的事故。

本等级划分所称的"以上"包括本数，所称的"以下"不包括本数。

2) 工程质量事故常见的成因

① 违背建设程序；

② 违反法规行为；

③ 地质勘察失误；

④ 设计差错；

⑤ 施工与管理不到位；

⑥ 使用不合格的原材料、制品及设备;
⑦ 自然环境因素;
⑧ 使用不当。

(二) 装饰装修过程中常见的质量问题（通病）

建筑装饰装修工程常见的施工质量缺陷有：空、裂、渗、观感效果差等。装饰装修工程各分部（子分部）、分项工程施工质量缺陷详见表 6-1。

装饰装修工程各分部（子分部）、分项工程施工质量缺陷　　表 6-1

序号	分部（子分部）、分项工程名称	质量通病
1	地面工程	水泥地面起砂、空鼓、泛水、渗漏等；板块地面、天然石材地面色泽、纹理不协调，泛碱、断裂、地面砖爆裂拱起、板块类地面空鼓等；木、竹地板地面表面不平整、拼缝不严、地板起鼓等
2	抹灰工程	一般抹灰：抹灰层脱层、空鼓、面层爆灰、裂缝、表面不平整、接搓和抹纹明显等；装饰抹灰除一般抹灰存在的缺陷外，还存在色差、掉角、脱皮等
3	门窗工程	木门窗：安装不牢固、开关不灵活、关闭不严密、安装留缝大、倒翘等；金属门窗：划痕、碰伤、漆膜或保护层不连续；框与墙体之间的缝隙封胶不严密；表面不光滑、顺直，有裂纹；窗扇的橡胶密封条或毛毡密封条脱槽；排水孔不畅通等
4	顶棚工程	(1) 吊杆、龙骨和饰面材料安装不牢固； (2) 金属吊杆、龙骨的接缝不均匀，角缝不吻合，表面不平整、翘曲、有锤印；木质吊杆、龙骨不顺直、劈裂、变形； (3) 顶棚内填充的吸声材料无防散落措施； (4) 饰面材料表面不洁净、色泽不一致，有翘曲、裂缝及缺损
5	轻质隔墙工程	墙板材安装不牢固、脱层、翘曲，接缝有裂缝或缺损
6	饰面板（砖）工程	安装（粘贴）不牢固、表面不平整、色泽不一致、裂痕和缺损，石材表面泛碱
7	涂饰工程	泛碱、咬色、流坠、疙瘩、砂眼、刷纹、漏涂、透底、起皮和掉粉
8	裱糊工程	拼接、花饰不垂直，花饰不对称，离缝或亏纸，相邻壁纸（墙布）搭缝、翘边、壁纸（墙布）空鼓，壁纸（墙布）死折，壁纸（墙布）色泽不一致
9	细部工程	橱柜制作与安装工程：变形、翘曲、损坏、面层拼缝不严密； 窗帘盒、窗台板、散热器罩制作与安装工程：窗帘盒安装上口下口不平、两端距窗洞口长度不一致，窗台板水平度偏差大于 2mm，安装不牢固、翘曲，散热器罩翘曲、不平； 木门窗套制作与安装工程：安装不牢固、翘曲，门窗套线条不顺直、接缝不严密、色泽不一致； 护栏和扶手制作与安装工程：护栏安装不牢固、护栏和扶手转角弧度不顺、护栏玻璃选材不当等

(三) 形成质量问题的原因分析

建筑装饰装修工程施工质量问题产生的原因是多方面的，其施工质量缺陷原因分析应针对影响施工质量的五大要素（4M1E：人、机械、材料、施工方法、环境条件），运用排列图、因果图、调查表、分层法、直方图、控制图、散布图、关系图法等统计方法进行分析,确定建筑装饰装修工程施工质量问题产生的原因。主要原因有五方面:

(1) 企业缺乏施工技术标准和施工工艺规程。

(2) 施工人员素质参差不齐,缺乏基本理论知识和实践知识,不了解施工验收规范。质量控制关键岗位人员缺位。

(3) 对施工过程控制不到位,未做到施工按工艺、操作按规程、检查按规范标准,对分项工程施工质量检验批的检查评定流于形式,缺乏实测实量。

(4) 工业化程度低。

(5) 违背客观规律,盲目缩短工期和抢工期,盲目降低成本等。

(四) 质量事故处理程序与方法

1. 质量事故的处理程序

(1) 防止事故进一步扩大

事故发生后,事故现场有关人员立即向工程建设单位负责人报告。施工单位必须根据事故情况采取必要的防护措施,防止事故进一步扩大,保证安全。

(2) 停止事故相关工序或操作

总监理工程师以《工程质量事故通知单》的形式通知施工单位,立即要求其停止发生质量事故工序及与之相关工序的施工或停止使用达不到设计标准、使用功能要求的材料、设备。

(3) 事故调查

未造成人员伤亡的一般事故,可由施工单位组织事故调查组进行调查。施工单位接到《工程质量事故通知单》后,尽快进行质量事故调查,写出调查报告,报监理单位与工程部。监理单位和甲方代表应参与质量事故调查。

(4) 事故原因分析

总监理工程师根据质量事故调查报告及时组织事故原因分析会,除建设单位、设计单位、施工单位外,还应邀请相关人员参加。分析会要查明造成质量事故的原因和责任,责任方必须承担因事故而造成的经济损失,并追究相关责任人的责任。

(5) 制定事故处理方案

在质量事故原因分析的基础上,由施工单位技术人员提出事故处理方案报经总监理工程师签字认可后报建设单位。建设单位组织设计、监理、施工等单位商讨并确认事故处理方案。

(6) 实施处理方案

总监理工程师指令施工单位按经批准的处理方案对质量事故进行处理。

(7) 事故处理报告

质量事故处理完毕后,总监理工程师组织有关人员对处理的结果进行严格的检查、鉴定和验收,并写出《工程质量事故处理报告》报建设单位备案。

2. 质量事故处理的基本方法

及时纠正：一般情况下，建筑装饰装修工程施工质量问题常出现在工程验收的最小单位上，施工过程中应早发现，并针对具体情况，制定纠正措施，及时采用返工、有资质的检测单位检测鉴定、返修或加固处理等方法进行纠正；通过返修或加固处理仍不能满足安全使用要求的分部工程、单位（子单位）工程严禁验收。

合理预防：分析常见的质量通病，深入挖掘和研究可能导致质量事故发生的原因，抓住影响施工质量的各种因素和施工质量形成过程的各个环节，采取针对性的有效预防措施。

（1）返修处理

返修处理是最常用的一类处理方案。通常当工程的某个检验批、分项或分部的质量虽未达到规定的规范、标准或设计要求，存在一定缺陷，但通过修补或更换器具、设备后可以达到要求的标准，又不影响使用功能和外观要求，在此情况下，可以进行返修处理。

（2）加固处理

加固处理即经过适当的加固补强、修复缺陷，自检合格后重新进行检查验收。

（3）返工处理

当工程质量未达到规定的标准和要求，存在严重质量问题，对结构的使用和安全构成重大影响，且又无法通过修补处理的情况下，可对检验批、分项或分部甚至整个工程进行返工处理。

（4）降级处理

若返工处理损失严重，在不影响使用功能的前提下，可经承发包双方协商验收。

（5）不做处理

某些工程质量问题虽然不符合规定的要求和标准，但视其严重情况，经过分析、论证、法定检测单位鉴定和设计等有关单位认可，如对工程或结构使用及安全影响不大，也可不做专门处理。

（五）装饰装修质量问题处理

及时纠正：一般情况下，建筑装饰装修工程施工质量问题出现在工程验收的最小单位——检验批，施工过程中应早发现，并针对具体情况，制定纠正措施，及时采用返工、有资质的检测单位检测鉴定、返修或加固处理等方法进行纠正；通过返修或加固处理仍不能满足安全使用要求的分部工程、单位（子单位）工程严禁验收。

合理预防：担任项目经理的建筑工程专业建造师在主持施工组织设计时，应针对工程特点和施工管理能力，制定装饰装修工程常见质量问题的预防措施。

1. 室内防水工程的质量缺陷及分析处理

室内防水部位主要位于厕浴厨房间，其设备多、管道多、阴阳转角多、施工工作面小，是用水最频繁的地方，同时也是最易出现渗漏的地方。厕浴厨房间的渗漏主要发生在房间的四周、地漏周围、管道周围及部分房间中部。究其原因，主要是设计考虑不周，材料选择不佳，施工时结构层（找平层）处理得不好或防水层做得不到位，管理、使用不当等原因造成的。

(1) 地面汇水倒坡

1) 原因分析：地漏偏高，地面不平有积水，无排水坡度甚至倒流。

2) 处理方法：凿除偏高，修复防水层，铺设面层（按照要求进行地面找坡），重新安装地漏，地漏接口处嵌填密封材料。

3) 防治措施

① 地面坡度要求距排水点最远距离控制在2‰，且不大于30mm，坡度要准确。

② 严格控制地漏标高，且应低于地面标高5mm；厕浴厨房间地面应比走廊及其他室内地面低20mm。

③ 地漏处的汇水口应呈喇叭口形，要求排水畅通。禁止地面有倒坡或积水现象。

(2) 墙身返潮和地面渗漏

1) 原因分析

① 墙面防水层设计高度偏低。

② 地漏、墙角、管道、门口等处结合不严密，造成渗漏。

2) 处理方法

① 墙身返潮，应将损坏部位凿除并清理干净，用1:2.5防水砂浆修补。

② 如果墙身和地面渗漏严重，需将面层及防水层全部凿除，重新做找平层、防水层、面层。

3) 防治措施

① 墙面上设有热水器时，其防水高度为1500mm；淋浴处墙面防水高度不应大于1800mm。

② 墙体根部与地面的转角处找平层应做成钝角。

③ 预留洞口、孔洞、埋设的预埋件位置必须正确、可靠。地漏、洞口、预埋件周边必须设有防渗漏的附加层防水措施。

④ 防水层施工时，应保持基层干净、干燥，确保涂膜防水与基层粘结牢固。

(3) 地漏周边渗漏

1) 原因分析：承口杯与基体及排水管接口结合不严密，防水处理过于简陋，密封不严。

2) 处理方法

① 地漏口局部偏高，可剔除高出部分，重新做地漏，并注意和原防水层搭接好，地漏和翻口外沿嵌填密封材料并封闭严实。

② 地漏损坏，应重做地漏。

③ 地漏周边与基体结合不严渗漏，在其周边剔凿出宽度和深度均不小于20mm的沟槽，清理干净，槽内嵌填密封材料，其上涂刷2遍合成高分子防水涂料。

3) 防治措施

① 安装地漏时，应严格控制标高，不可超高。

② 要以地漏为中心，向四周辐射找好坡度，坡向要准确，确保地面排水迅速、畅通。

③ 安装地漏时，按设计及施工规范进行施工，结点防水处理得当。

(4) 立管四周渗漏

1) 原因分析

① 立管与套管之间未嵌入防水密封材料,且套管与地面相平,导致立管四周渗漏。

② 施工人员不认真,或防水、密封材料质量差。

③ 套管与地面相平,导致立管四周渗漏。

2) 处理方法

① 套管损坏应及时更换并封口,所设套管要高出地面大于 20mm,并进行密封处理。

② 如果管道根部积水渗漏,应沿管根部剔凿出宽度和深度均不小于 20mm 的沟槽,清理干净,槽内嵌填密封材料,并在管道与地面交接部位涂刷管道高度及地面水平宽度不小于 100mm、厚度不小于 1mm 无色或同色的合成高分子防水涂料。

③ 管道与楼地面间裂缝小于 1mm,应将裂缝部位清理干净,绕管道及根部涂刷 2 遍合成高分子防水涂料,其涂刷高度和宽度不小于 100mm、厚度不小于 1mm。

3) 防治措施

① 穿楼板的立管应按规定预埋套管。

② 立管与套管之间的环隙应用密封材料填塞密实。

③ 套管高度应高出完成面 20mm 以上;套管周边做同高度的细石混凝土防水保护墩。

2. 抹灰工程常见的质量缺陷及分析处理

一般抹灰指石灰砂浆、水泥砂浆、水泥混合砂浆、聚合物水泥砂浆、膨胀珍珠岩水泥砂浆及麻刀石灰膏、纸筋石灰膏等墙面、顶棚的抹灰;装饰抹灰指水磨石、斩假石、干粘石、饰面砖、喷涂、滚涂、弹涂等墙(柱、地)面、顶棚饰面的抹灰。

一般建筑物或建筑物外装饰部位,常用水泥砂浆饰面。但因各种原因,常出现空鼓、裂缝,接槎有明显抹纹、色泽不匀,阳台、雨篷、窗台等抹灰饰面在水平和垂直方向不一致,分格缝不直不平、缺棱错缝及雨水污染墙面等通病。

(1) 抹灰空鼓、裂缝

1) 原因分析

① 基层处理不好,清扫不干净,墙面浇水不透或不匀,影响该层砂浆与基层的粘结性能。

② 一次抹灰太厚或各层抹灰层间隔时间太短收缩不匀,或表面撒水泥粉。

③ 夏季施工砂浆失水过快或抹灰后没有适当浇水养护以及冬期施工受冻。

2) 防治措施

① 抹灰前,应将基层表面清扫干净,脚手眼等孔洞填堵严实;混凝土墙表面凸出较大的地方应事先剔平刷净;蜂窝、凹洼、缺棱掉角处,应先刷一道胶水溶液(水泥结构胶),再用 1:3 水泥砂浆分层填补;加气混凝土墙面缺棱掉角和板缝处,宜先刷掺水泥重量 20% 的水泥结构胶的素水泥浆一道,再用 1:1:6 混合砂浆修补抹平。基层墙面应于施工前一天浇水,要浇透浇匀,让基层吸足一定的水分,使抹上底子灰后便于用刮杠刮平,搓抹时砂浆以潮湿柔软为宜。

② 表面较光滑的混凝土墙面和加气混凝土墙面,抹灰前宜先涂刷一道 108 胶素水泥浆粘结层,增加与光滑基层的砂浆粘结能力。

③ 室外抹灰，一般长度较长（如檐口、勒脚等），高度较高（如柱子、墙垛、窗间墙等），为不显接槎，防止抹灰砂浆收缩开裂，一般需设计分格缝。

④ 夏季应避免在日光曝晒下进行抹灰。罩面成活后第二天应浇水养护，并养护7d以上。

⑤ 窗台抹灰一般常在窗台中间部位出现一条或多条裂缝，其主要原因是窗口处墙身与窗间墙自重大小不同，传递到基础上的力也就不同，当基础刚度不足时，产生的沉降量就不同，由沉降差使窗台中间部位产生负弯矩而导致窗台抹灰裂缝。雨水容易从裂缝中渗透，导致膨胀或冻胀，使抹灰层空鼓，严重时会脱落。要避免窗台抹灰后裂缝问题，除从设计上加强基础刚度，设置地梁、圈梁外，尽可能推迟抹灰窗台时间，使结构沉降稳定后进行。同时加强抹灰层养护，减少收缩。

(2) 接槎有明显抹纹、色泽不匀

1) 原因分析

墙面没有分格或分格太大；抹灰留槎位置不正确；罩面灰压光操作方法不当，砂浆原材料不一致，没有统一配料，浇水不均匀。

2) 防治措施

抹面层时要注意接槎部位操作，避免发生高低不平、色泽不一致等现象；接槎位置应留在分格条处或阴阳角、水落管等处；阳角抹灰应用反贴八字尺的方法操作。

室外抹灰面积较大，罩面抹纹不易压光，尤其在阳光下观看，稍有些抹纹就很显眼，影响墙面外观效果，因此室外抹水泥砂浆墙面宜做成毛面，不宜抹成光面。用木抹子搓抹毛面时，要做到轻重一致，先以圆圈形搓抹，然后上下抽拉，方向要一致，不然表面会出现色泽深浅不一、起毛纹等问题。

(3) 分格缝不直不平，缺棱错缝

1) 原因分析

没有拉通线，统一在底灰上弹水平和垂直分格线；木分格条浸水不透，使用后变形；粘贴分格条和起分格条时操作不当，造成缝口两边缺棱角或错缝。

2) 防治措施

① 柱子等短向分格缝，对每个柱子要统一找标高，拉通线弹出水平分格线，柱子侧面要用水平尺引过去，保证水平，窗间墙竖向分层分格缝，几个层段应统一吊线分块。

② 分格条使用前要在水中泡透。水平分格条一般应粘在水平线下边，竖向分格条一般应粘在垂直线左侧，以便于检查其准确度，防止发生错缝、不平现象。分格条两侧抹八字形水泥砂浆固定时，在水平线处应先抹下侧一面，当天抹罩面灰压光后就可起出的，分格条两侧可抹成45°，如当时不罩面的，应抹陡一些成60°坡，待水泥砂浆达到一定强度后才能起出分格条。面层压光时应将分格条上水泥砂浆清刷干净，以免起条时损坏墙面。

(4) 墙体与门窗框交接处抹灰层空鼓、裂缝脱落

1) 原因分析

① 基层处理不当。

② 操作不当，预埋木砖（件）位置不当，数量不足。

③ 砂浆品种选择不当。

2) 防治措施

① 不同基层材料交汇处宜铺钉钢板网，每边搭接长度应大于10cm。

② 门洞每侧墙体内预埋木砖不少于三块，木砖尺寸应与标准砖相同，并经防腐处理，预埋位置正确。

③ 门窗框塞缝宜采用混合砂浆，塞缝前先浇水湿润，缝隙过大时，应分层多次填嵌，砂浆不宜太稀。

④ 加气混凝土砌块墙与门窗框连接时，应先在墙体内钻深10cm、孔直径4cm左右，再用相同尺寸的圆木沾上108胶水后打入孔内。每道不少于四处。

（5）内墙面起泡、开花或有抹纹

1）原因分析

① 抹完罩面后，砂浆未收水就开始压光，压光后产生起泡现象。

② 石灰膏熟化不透，过火灰没有滤净，抹灰后未完全熟化的石灰颗粒继续熟化，体积膨胀，造成表面麻点和开花。

③ 底子灰过分干燥，抹罩面灰后水分很快被底层吸收，压光时易出现抹纹。

2）防治措施

① 待抹灰砂浆收水后终凝前进行压光；纸筋石灰罩面时，待底子灰五、六成干时再进行。

② 石灰膏熟化时间不少于30d，淋制时用小于3mm×3mm筛子过滤，采用磨细生石灰粉时，最好也提前2～3d化成石灰膏。

③ 对已开花的墙面，一般待未熟化的石灰颗粒完全熟化膨胀后再处理。处理方法为挖去开花处松敞表面，重新用腻子刮平后喷浆。

④ 底层过干应浇水湿润，再薄薄地刷一层纯水泥浆后进行罩面。罩面压光时发现面层灰太干不易压光时，应洒水后再压以防止抹纹。

（6）墙面抹灰层析白

1）原因分析

水泥在水化过程中产生氢氧化钙，在砂浆硬化前受水浸泡渗聚到抹灰面与空气中二氧化碳化合成白色碳酸钙出现在墙面。在气温低或水灰比大的砂浆抹灰时，析白现象更严重。另外，若选用了不适当的外加剂时，也会加重析白产生。

2）防治措施

① 在保持砂浆流动性条件下掺减水剂来减少砂浆用水量，减少砂浆中的游离水，则减轻了氢氧化钙的游离渗至表面。

② 加分散剂，使氢氧化钙分散均匀，不会成片出现析白现象，而是出现均匀的轻微析白。

③ 在低温季节水化过程慢，泌水现象普遍时，适当考虑加入促凝剂以加快硬化速度。

④ 选择适宜的外加剂品种。

（7）干粘石饰面空鼓

干粘石饰面空鼓有两种情况：一是底灰与基层（砖墙或其他材料墙）粘结不牢；二是面层与底灰粘结不牢。

1）原因分析

① 砖墙面灰尘太多或粘在墙面上的灰浆、泥浆等污物未清理干净。

② 混凝土基层表面太光滑或残留的隔离剂未清理干净，混凝土基层表面有空鼓、硬皮等未处理。

③ 加气混凝土基层表面粉尘细灰清理不干净，抹灰砂浆强度过高而加气混凝土本身强度较低，二者收缩不一致。

④ 施工前基层不浇水或浇水不适当，浇水过多易流，浇水不足易干，浇水不均产生干缩不均，或脱水快而干缩。

⑤ 冬期施工时抹灰层受冻。

2）防治措施

① 做好基层处理。用钢模生产的混凝土制品基层较光滑并带有隔离剂，宜用10%的火碱水溶液将隔离剂清洗干净，混凝土制品表面的空鼓硬皮应敲掉刷净。

② 施工前必须将混凝土、砖墙、加气混凝土墙等基层表面上的粉尘、泥浆等污染物清理干净。

③ 如基层面凹凸超出允许偏差，凸处剔平，凹处分层修补平整。

④ 加强基层粘结。施工前针对不同材质的基层，严格掌握浇水量和均匀度。

⑤ 抹粘石面层灰之前，用外墙界面剂满刷一遍，并随刷随抹面层灰。加气混凝土墙面除按上述要求操作外，还必须采取分层抹灰，灰浆强度逐层提高，减小收缩差，增加粘结程度。

⑥ 对较光滑的混凝土基层面，宜采用聚合水泥稀浆（水泥：砂＝1：1，外加水泥质量5%～15%的水泥结构胶）满刷一遍，厚度约1mm，不可太厚，并用扫帚划毛，使表面麻糙，待晾干后抹底灰。

(8) 斩假石饰面颜色不匀

斩假石面颜色不匀，影响观感。

1）原因分析

① 水泥石子浆掺用颜料的细度、批号不同。

② 水泥石子浆中颜料掺用量不准确，拌合不均匀。

③ 斩完部分又蘸水洗刷。

④ 常温施工时，假石饰面受阳光直接照射不同，温度不同，也会使饰面颜色不匀。

2）防治措施

① 同一饰面应选用同一品种、同一强度等级、同一细度的原材料，并一次备齐。

② 拌灰时，应将颜料与水泥充分拌匀，然后再加入石子拌合，全部石子灰用量应一次备足。

③ 每次拌合水泥石子浆的加水量应准确，所需饰面湿润均匀，斩剁时蘸水，但剁完部分的尘屑可用钢丝刷顺纹刷净，不得蘸水刷洗。

④ 雨天不得施工。常温施工时，为使颜色均匀，应在水泥石子浆中掺入分散剂木质素磺酸钙和疏水剂甲基硅醇钠。

3. 门窗工程安装中的质量缺陷及分析处理

(1) 门窗安装尺寸偏差

1）原因分析

① 土建结构施工尺寸存在偏差。
② 门窗洞口砌筑及抹灰施工尺寸存在偏差。
③ 门窗加工尺寸与设计不符,或现场尺寸不符。
④ 门窗安装施工不规范。
2)防治措施
① 复核现场实际偏差度,在图纸深化设计后,按照图纸对洞口进行抹灰修正。
② 门窗加工定制前,复核现场尺寸,对门窗工程施工图进行现场深化设计。严格按照深化设计图纸加工门窗。
③ 严格按照门窗施工规范和施工工艺标准施工。
(2)门窗下槛无保护措施,且受到建筑垃圾污染
1)原因分析
施工过程中未按照成品保护规程进行成品保护作业。
2)防治措施
① 安装完成即刻保护,原装型材保护膜包裹门窗框,用18mm厚木工板定制U形槽包裹门下槛,内嵌废报纸或珍珠棉等软性材料。
② 门窗玻璃用2mm厚珍珠棉薄膜满覆保护。

4. 顶棚工程中常见的质量缺陷及分析处理

(1)木格栅拱度不匀

顶棚格栅装订后,其下表面的拱度不均匀,不平整,严重者成波浪形;其次,顶棚格栅周边或四角不平;还有的顶棚完工后,只经过短期使用,产生凹凸变形等质量问题。

1)原因分析
① 顶棚格栅材质不好,变形大,不顺直、有硬弯,施工中又难于调直;木材含水率过大,在施工中或交工后产生收缩翘曲变形。
② 不按规程操作,施工中顶棚格栅四周墙面上不弹平线或平线不准,中间不按平线起拱,造成拱度不匀。
③ 吊杆或吊筋间距过大,顶棚格栅的拱度不易调匀。同时,受力后易产生挠度,造成凹凸不平。
④ 受力节点结合不严,受力后产生位移变形。
2)防治措施
① 顶棚应选用比较干燥的松木、杉木等软质木材,并防止受潮或烈日暴晒;不宜用桦木、色木及柞木等硬质木材。
② 顶棚格栅装订前,应按设计标高在四周墙壁上弹线找平;装订时,四周以平线为准,中间按平线起拱,起拱高度应为房间短向跨度的1/200,纵横拱度均应吊匀。
③ 格栅及顶棚格栅的间距、断面尺寸应符合设计要求;木料应顺直,如有硬弯,应在硬弯处锯断,调直后再用双面夹板连接牢固;木料在两吊点间如稍有弯度,弯度应向上。
④ 各受力节点必须装订严密、牢固,符合质量要求。
⑤ 顶棚内应设置通风窗,使木骨架处于干燥环境中;室内抹灰时,应将顶棚人孔封

严，待墙面干后，再将人孔打开通风，使顶棚保持干燥环境。

⑥ 如顶棚格栅拱度不匀，局部超差较大，可利用吊杆或吊筋螺栓把拱度调匀。

⑦ 如吊筋未加垫板，应及时安设垫板，并把顶棚格栅的拱度调匀；如吊筋太短，可用电焊将螺栓加长，并重新安好垫板、螺母，再把顶棚格栅拱度调匀。

⑧ 凡吊杆被钉劈裂而节点松动处，必须将劈裂的吊杆换掉。

(2) 铝合金龙骨不顺直

铝合金主龙骨、副龙骨纵横方向线条不平直；顶棚造型不对称、罩面板布局不合理。

1）原因分析

① 主龙骨、副龙骨受扭折，虽经修整，仍不平直。

② 挂铅线或镀锌铁丝的射钉位置不正确，拉牵力不均匀。

③ 未拉通线全面调整主龙骨、副龙骨的高低位置。

④ 测顶棚的水平线误差超差，中间平线起拱度不符合规定。

2）防治措施

① 凡是受扭折的主龙骨、副龙骨一律不宜采用。

② 挂铅线的钉位，应按龙骨的走向每间距1.2m射一枚钢钉。

③ 一定要拉通线，逐条调整龙骨的高低位置和线条平直。

④ 四周墙面的水平线应测量正确，中间接平线起拱度1/300～1/200。

(3) 纤维板或胶合板顶棚面层变形

纤维板和胶合板顶棚装订后，部分板块逐渐产生凹凸变形现象。

1）原因分析

① 纤维板或胶合板，在使用中要吸收空气中的水分，特别是纤维板不是均质材料，各部分吸湿程度差异大，故易产生凹凸变形；装订板块时，板块接头未留空隙，吸湿膨胀后，没有伸胀余地，会使变形程度更为严重。

② 板块较大，装订时没能使板块与顶棚格栅全部贴紧，又从四角或四周向中心排钉装订，板块内储存有应力，致使板块凹凸变形。

③ 顶棚格栅分格过大，板块易产生挠度变形。

2）防治措施

① 宜选用优质板材，以保证顶棚质量。胶合板宜选用五层以上的胶合板；纤维板宜选用硬质纤维板。

② 轻质板块宜用小齿锯截成小块装订。装订时必须由中间向两端排钉，以避免板块内产生应力而凹凸变形。板块接头拼缝必须留3～6mm的间隙，以减轻板块膨胀时的变形程度。

③ 用纤维板、胶合板顶棚时，其顶棚格栅的分格间距不宜超过450mm，否则，中间应加一根25mm×40mm的小格栅，以防板块中间下挠。

④ 合理安排工序。如室内湿度较大，宜先装订顶棚木龙骨，然后进行室内抹灰，待抹灰干燥后再装订顶棚面层。但施工时应注意周边的顶棚格栅应离开墙面20～30mm（即抹灰层厚度），以便在墙面抹灰后装订顶棚面板及压条。

⑤ 若有个别板块变形过大时，可由人孔进入顶棚内，补加一根25mm×40mm的小格栅，然后在下面将板块钉平。

5. 饰面板（砖）工程中的质量缺陷及分析处理

（1）陶瓷锦砖饰面不平整，分格缝不匀，砖缝不平直

1) 原因分析

① 陶瓷锦砖粘贴时，粘结层砂浆厚度小（3~4mm），对基层处理和抹灰质量要求均很严格，如底子灰表面平整和阴阳角稍有偏差，粘贴面层时就不易调整找平，产生表面不平整现象。如果增加粘贴砂浆厚度来找平，则陶瓷锦砖粘贴后，表面不易拍平，同样会产生墙面不平整。

② 施工前，没有按照设计图纸尺寸核对结构施工实际情况，进行排砖、分格和绘制大样图，抹底子灰时，各部位挂线找规矩不够，造成尺寸不准，引起分格缝不均匀。

③ 陶瓷锦砖粘贴揭纸后，没有及时对砖缝进行检查和认真拨正调直。

2) 防治措施

① 施工前应对照设计图纸尺寸，核实结构实际偏差情况，根据排砖模数和分格要求，绘制出施工大样图并加工好分格条，事先选好砖，裁好规格，编上号，便于粘贴时对号入座。

② 按照施工大样图，对各窗间墙、砖垛等处要先测好中心线、水平线和阴阳角垂直线，贴好灰饼，对不符合要求、偏差较大的部位，要预先剔凿或修补，以作为安窗框、做窗台、腰线等的依据，防止在窗口、窗台、腰线、砖垛等部位，发生分格缝留不均匀或阳角处出现不够整砖的情况。抹底子灰要求确保平整，阴阳角要垂直方正，抹完后立即划毛，并注意养护。

③ 在养护完的底子灰上，根据大样图从上到下弹出若干水平线，在阴阳角处、窗口处弹上垂直线，以作为粘贴陶瓷锦砖时控制的标准线。

④ 粘贴陶瓷锦砖时，根据已弹好的水平线稳好平尺板，刷素水泥浆结合层一遍，随铺2~3mm厚粘结砂浆，同时将若干张裁好规格的陶瓷锦砖铺放在特制木板上，底面朝上，缝里撒入1∶2水泥干砂面，刷净表面浮砂后，薄薄涂上一层粘结砂浆，然后逐张提起，从平尺板上口，由下往上随即往墙上粘贴，每张之间缝要对齐，贴一组后，将分格条放在上口，重复上述次序，继续往上粘贴。

⑤ 陶瓷锦砖粘贴后，随即将拍板靠放在已贴好的面层上，用小锤敲击拍板，满敲均匀，使面层粘结牢固和平整，然后刷水将护纸揭去，检查陶瓷锦砖分缝平直、大小等情况，将弯扭的缝用开刀拨正调直，再用小锤拍板拍平一遍，以达到表面平整为止。

（2）大理石墙、柱面饰面接缝不平、板面纹理不顺、色泽不匀

墙、柱面镶贴大理石板后，板与板之间接缝粗糙不平，花纹横竖突变不通顺，色泽深浅不匀。

1) 原因分析

基层处理不符合质量要求；对板材质量的检验不严格；镶贴前试拼不认真；施工操作不当，特别是分次灌浆时，灌浆高度过高。

2) 防治措施

① 镶贴前先检查墙、柱面的垂直平整情况，超过规定的偏差应事先剔除或补齐，使基层到大理石板面距离不小于5cm，并将墙、柱面清刷干净，浇水湿透。

② 镶贴前在墙、柱面弹线，找好规矩。大理石墙面要在每个分格或较大的面积上弹出中心线，水平通线，在地面上弹出大理石板面线；大理石柱子应先测量出柱子中心线和柱与柱之间水平通线，并弹出柱子大理石柱面线。

③ 事先将有缺边掉角、裂纹和局部污染变色的大理石板材挑出，再进行套方检查，规格尺寸超过规定偏差，应磨边修正，阳角处用的大理石板，如背面是大于45°的斜面，还应剔凿磨平至符合要求才能使用。

④ 按照墙、柱面的弹线进行大理石板试拼，对好颜色、调整花纹，使板与板之间上下左右纹理通顺，颜色协调，缝子平直均匀，试拼后，由上至下逐块编写镶贴顺序号，再对号镶贴。

⑤ 镶贴小规格块材时，可采用粘贴方法；大规格板材（边长大于40cm）或镶贴高度大于1m时，须使用安装方法。按照设计要求，事先在基层上绑扎好钢筋网，与结构预埋铁件连接牢固，块材上下两侧面两端各用钻头打成5mm圆孔，穿上铜丝或镀锌铁丝，把块材绑扎在钢筋网上。安装顺序是按照事先找好的中心线、水平通线和墙（柱）面线进行的试拼编号，在最下一行两头用块材找平找直，拉上横线，再从中间或一端开始安装，并随时用托线板靠平靠直，保证板与板交接处四角平整，待第一行大理石板块安装完后，用木楔固定；再在表面横竖接缝处，每隔10~15cm用石膏浆（石膏粉掺20%的水泥后用水拌成）临时粘结固定，以防移动，缝隙用纸堵严。较大的板材固定时还要加支撑。

⑥ 待石膏浆凝固后，用1∶2.5水泥砂浆（厚度一般为8~12cm）分层灌注，每次灌注不宜过高，否则容易使大理石板膨胀外移，造成饰面不平。

第一层灌注高度约为15cm，且不得超过板高1/3，灌浆时动作要轻，把浆徐徐倒入石板内侧缝中。第一层灌浆后1~2h，待砂浆凝结时，先检查石板是否移动，如有外移错位、不符合要求时，应拆除重新安装。第二层灌注高度约10cm，达石板高度1/2处。第三层灌注至板口下约5cm，为上行石板安装后灌浆的结合层。最后一层砂浆终凝后，将上口固定木楔轻轻移动拔出，并清理净上口，依次逐行往上镶贴，直至顶部。

6. 涂饰工程中常见的质量缺陷及分析处理

（1）外墙涂料饰面起鼓、起皮、脱落

1）原因分析

① 基层表面不坚实，不干净，受油污、粉尘、浮灰等杂物污染。

② 新抹水泥砂浆基层湿度大，碱性也大，析出结晶粉末而造成起鼓、起皮。

③ 基层表面太光滑，腻子强度低，造成涂膜起皮脱落。

2）防治措施

① 涂刷底釉涂料前，对基层缺陷进行修补平整；刷除表面油污、浮灰。

② 检查基层是否干燥，含水率应小于10%；新抹水泥砂浆基面夏季养护7d以上；冬季养护14d以上。现浇混凝土墙面夏季养护10d以上；冬季20d以上。基面碱性不宜过大，pH值为10左右。

③ 外墙过干，施涂前可稍加湿润，然后涂抗碱底漆或封闭底漆。

④ 当基层表面太光滑时，要适当敲毛，出现小孔、麻点可用107胶水配滑石粉作腻子

刮平。

(2) 外墙涂料花纹不匀,花纹图案大小不一;局部流淌下坠;有明显的接槎

1) 原因分析

① 喷涂骨架层时,骨料稠度改变;空压机压力变化过大;喷嘴距基层距离、角度变化及喷涂快慢不匀等都会造成花纹大小不一致。

② 基层局部特别潮湿;局部喷涂时间过长、喷涂量过大及骨料添加不及时,都会造成花纹图案不一致或局部流淌下坠。

③ 操作工艺掌握不准确,如斜喷、重复喷,未在分格缝处接槎,随意停喷,或虽然在分格处接槎,但未遮挡,未成活一面溅上部分骨料等,都会造成明显接槎。

2) 防治措施

① 控制好骨料稠度,专人负责搅拌;空压机压力、喷嘴距基层面距离、角度、移动速度等应保持基本一致。

② 基层应干湿一致。如基层表面有明显接槎,须事先修补平整。脚手架与基层面净距不小于300mm,保证不影响喷嘴垂直对准基面。

③ 防止放"空枪",应有专人加骨料;局部成片出浆、流坠,要及时铲去重喷。

④ 喷涂要连续作业,保持工作面"软接槎",到分格缝处停歇。

⑤ 停歇前,应有专人做好未成活部位的遮挡工作,若已溅上骨料应及时清除。

(3) 内墙和顶棚涂料涂层颜色不均匀

1) 原因分析

① 不是同批涂料,颜料掺量有差异。

② 使用涂料时未搅拌匀或任意加水,使涂料本身颜色深浅不同,造成墙面颜色不均匀。

③ 基层材料差异,混凝土或砂浆龄期相差悬殊,湿度、碱度有明显差异。

④ 基层处理差异,如光滑程度不一,有明显接槎、有光面、有麻面等差别,涂刷涂料后,由于光影作用,看上去显得墙面颜色深浅不匀。

⑤ 施工接槎未留在分格缝或阴阳角处,造成颜色深浅不一致的现象。

2) 防治措施

① 同一工程,应选购同厂同批涂料;每批涂料的颜料和各种材料配合比例须保持一致。

② 由于涂料易沉淀分层,使用时必须将涂料搅匀,并不得任意加水。确因特殊情况需要加水时,应掌握均匀一致。

③ 基层是混凝土时,龄期应在28d以上,砂浆可在7d以上,含水率小于10%,pH值在10以下。

④ 基层表面麻面小孔,应事先修补平整,砂浆修补龄期不少于3d;若有油污、铁锈、脱模剂等污物时,须先用洗涤剂清洗干净。

⑤ 严格执行操作规程,接槎必须在施工缝或阴阳角处,不得任意停工甩槎。

(4) 内墙和顶棚涂料涂层色淡易掉粉

涂料涂层干燥后,局部色淡且该处易掉粉末。

1) 原因分析

① 使用涂料时未搅拌均匀。桶内上部料稀，色料上浮，遮盖力差；下面料稠，填料沉淀，色淡，涂刷后易脱粉。
② 涂料质量不合标准，耐水性能不合格。
③ 混凝土及砂浆基层龄期短，含水率高，碱度大。
④ 施工涂刷时，气温低于涂料最低成膜温度，或涂料未成膜即被水冲洗。
⑤ 涂料加水过多，涂料太稀，成膜不完善。
2）防治措施
① 基层须干燥，含水率应小于10%（若选用湿墙涂料另作考虑），并清理干净，并作必要的表面处理。若修补找平时，应用水泥砂浆或水泥乳胶腻子。
② 施工气温不宜过低，应在10℃以上，阴雨潮湿天不宜施工。
③ 基层材料龄期必须符合有关规定，如混凝土应28d以上；水泥砂浆不少于7d。
④ 涂料加水，必须严格按出厂说明要求进行，不得任意加水稀释。
⑤ 根据基层不同，正确选用涂料和配制腻子。如氯偏共聚乳液涂料不能和有机溶剂、石灰水一起使用；过氯乙烯涂料与石膏反应强烈，不能直接涂于石膏腻子基层上等。

（5）多彩内墙涂料施工向下流淌
1）原因分析
喷涂涂料太厚，自重较大，涂料不能很好挂住，形成向下流淌的现象。
2）防治措施
① 正确操作，宜先试喷，控制速度、厚薄及喷涂距离等。
② 转角处使用遮盖物，减少两个面互相干扰。

（6）多彩内墙涂料花纹不规则
喷涂面花纹紊乱，无规则，影响美观。
1）原因分析
① 喷涂时压力时大时小。
② 喷涂操作工艺掌握不当。
③ 喷涂条件不佳或不足影响。
④ 喷涂过薄，遮盖率达不到标准。
2）防治措施
① 事先检查喷涂设备，保证喷涂压力稳定在0.25～0.30MPa。
② 正确操作，喷嘴到喷涂面距离为300～400mm；喷涂速度前后一致，遵守操作规程。
③ 由专人负责，保证脚手架高度，照明一致，便于操作和观察。
④ 有一定喷涂厚度，保证达到适当的遮盖率。

7. 裱糊与软包工程中的质量缺陷及分析处理

（1）离缝或亏纸
相邻壁纸间的连接缝隙超过允许范围称为离缝；壁纸的上口与挂镜线（无挂镜线时，为弹的水平线），下口与踢脚线连接不严，显露基面称为亏纸。
1）原因分析

① 裁割壁纸未按照量好的尺寸,裁割尺寸偏小,裱糊后出现亏纸;或丈量尺寸本身偏小,也会造成亏纸。

② 第1张壁纸裱糊后,在裱糊第2张壁纸时,未连接准确就压实;或虽连接准确,但裱糊操作时赶压底层胶液推力过大而使壁纸伸胀,在干燥过程中产生回缩,造成离缝或亏纸现象。

③ 搭接裱糊壁纸裁割时,接缝处不是一刀裁割到底,而是变换多次刀刃的方向或钢直尺偏移,使壁纸忽胀忽亏,裱糊后亏损部分就出现离缝。

2) 防治措施

① 裁割壁纸前,应复核裱糊墙面实际尺寸和需裁壁纸尺寸。直尺压紧纸后不得移动,刀刃紧贴尺边,一气呵成,手动均匀,不得中间停顿或变换持刀角度。尤其是裁割已裱糊在墙上的壁纸时,更不能用力过猛,防止将墙面划出深沟,使刀刃受损,影响再次裁割质量。

② 裁割壁纸一般以上口为准,上、下口可比实际尺寸略长10~20mm;花饰壁纸应将上口的花饰全部统一成一种形状,壁纸裱糊后,在上口线和踢脚线上口压尺,分别裁割掉多余的壁纸;有条件时,也可只在下口留余量,裱糊完后割掉多余部分。

③ 裱糊前壁纸要先"焖水",使其受糊后横向伸胀,一般800mm宽的壁纸焖水后约胀出10mm。

④ 裱糊的每一张壁纸都必须与前一张靠紧,争取无缝隙,在赶压胶液时,由拼缝处横向往外赶压胶液和气泡,不准斜向来回赶压或由两侧向中间推挤,应使壁纸对好缝后不再移动,如果出现位移要及时赶回原来位置。

⑤ 出现离缝或亏纸轻微的裱糊工程饰面,可用同壁纸颜色相同的乳胶漆点描在缝隙内,漆膜干燥后可以掩盖;对于稍严重的部位,可用相同的壁纸补贴,不得有痕迹;严重部分宜撕掉重贴。

(2) 花饰不对称

有花饰的壁纸裱糊后,两张壁纸的正反面、阴阳面,或者在门窗口的两边、室内对称的柱子、两面对称的墙壁等部位出现裱糊的壁纸花饰不对称现象。

1) 原因分析

① 裱糊壁纸前没有区分无花饰和有花饰壁纸的特点,盲目裁割壁纸。

② 在同一张纸上印有正花和反花、阴花和阳花饰,裱糊时未仔细区别,造成相邻壁纸花饰相同。

③ 对要裱糊壁纸的墙面未进行周密的观察研究,门窗口的两边、室内对称的柱子、两面对称的墙,裱糊壁纸的花饰不对称。

2) 防治措施

① 壁纸裁割前对于有花饰的壁纸经认真区别后,将上口的花饰全部统一成一种形状,按照实际尺寸留出余量统一裁割。

② 在同一张纸上印有正花和反花、阴花和阳花饰时,要仔细分辨,最好采用搭接法进行裱糊,以避免由于花饰略有差别而误贴。如采用接缝法施工,已裱糊的壁纸边花饰如为正花,必须将第2张壁纸边正花饰裁割掉。

③ 对准备裱糊壁纸的房间应观察有无对称部位,若有,应认真设计排列壁纸花饰,

应先裱糊对称部位，如房间只有中间一个窗户，裱糊在窗户取中心线，并弹好粉线，向两边分贴壁纸，这样壁纸花饰就能对称；如窗户不在中间，为使窗间墙阳角花饰对称，也可以先弹中心线向两侧裱糊。

④ 对花饰明显不对称的壁纸饰面，应将裱糊的壁纸全部铲除干净，修补好基层，重新按工艺规程裱糊。

(3) 壁纸翘边

壁纸边沿脱胶离开基层而卷翘的现象。

1) 原因分析

① 涂刷胶液不均匀，漏刷或胶液过早干燥。

② 基层有灰尘、油污等，或表面粗糙干燥、潮湿，胶液与基层粘结不牢，使纸边翘起。

③ 胶粘剂黏性小，造成纸边翘起，特别是阴角处，第2张壁纸粘贴在第1张壁纸的塑料面上，更易出现翘起。

④ 阳角处裹过阳角的壁纸宽度小于20mm，未能克服壁纸的表面张力，也易翘起。

2) 防治措施

① 根据不同施工环境温度，基层表面及壁纸品种，选择不同的粘胶剂，并涂刷均匀。

② 基层表面的灰尘、油污等必须清除干净，含水率不得超过8%。若表面凹凸不平，应先用腻子刮抹平整。

③ 阴角壁纸搭缝时，应先裱糊压在里面的壁纸，再用黏性较大的胶液粘贴面层壁纸。搭接宽度一般不大于3mm，纸边搭在阴角处，并且保持垂直无毛边。

④ 严禁在明角处甩缝，壁纸裹过阳角应不小于20mm，包角壁纸必须使用黏性较强的胶液，并要压实，不能有空鼓和气泡，上、下必须垂直，不能倾斜。有花饰的壁纸更应注意花纹与阳角直线的关系。

⑤ 将翘边壁纸翻起来，检查产生翘边原因，属于基层有污物的，待清理后，补刷胶液重新粘牢，胶粘剂黏性小的，应换用黏性较大的胶粘剂粘贴；如果壁纸翘边已坚硬，除了应使用较强的胶粘剂粘贴外，还应加压，待粘牢平整后，才能去掉压力。

(4) 空鼓（气泡）

壁纸表面出现小块凸起，用手指按压时，有弹性和与基层附着不实的感觉，敲击时有鼓音。

1) 原因分析

① 裱糊壁纸时，赶压不得当，往返挤压胶液次数过多，使胶液干结失去粘结作用；或赶压力量太小，多余的胶液未能挤出，存留在壁纸内部，长时间不能干结，形成胶囊状；或未将壁纸内部的空气赶出而形成气泡。

② 基层或壁纸底面，涂刷胶液厚薄不匀或漏刷。

③ 基层潮湿，含水率超过有关规定，或表面的灰尘、油污未消除干净。

④ 石膏板表面的纸基起泡或脱落。

⑤ 白灰或其他基层较松软，强度低，裂纹空鼓，或孔洞、凹陷处未用腻子刮平，填补不坚实。

2) 防治措施

① 严格按壁纸裱糊工艺操作，必须用刮板由里向外刮抹，将气泡或多余的胶液赶出。

② 裱糊壁纸的基层必须干燥，含水率不超过8%；有孔洞或凹陷处，必须用石膏腻子或大白粉、滑石粉、乳胶腻子刮抹平整，油污、尘土必须清除干净。

③ 石膏板表面纸基起泡、脱落，必须清除干净，重新修补好纸基。

④ 涂刷胶液必须厚薄均匀一致，绝对避免漏刷。为了防止胶液不匀，涂刷胶液后，可用刮板刮1遍，把多余的胶液回收再用。

⑤ 由于基层含有潮气或空气造成空鼓，应用刀子割开壁纸，将潮气或空气放出，待基层完全干燥或把鼓包内空气排出后，用医用注射针将胶液打入鼓包内压实，使之粘贴牢固。壁纸内含有胶液过多时，可使用医药注射针穿透壁纸层，将胶液吸收后再压实即可。

8. 细部工程中的质量缺陷及分析处理

(1) 窗帘盒、金属窗帘杆安装

1) 窗帘盒安装不平、不正：主要是找位、划尺寸线不认真，预埋件安装不准，调整处理不当。安装前做到画线正确，安装量尺必须使标高一致、中心线准确。

2) 窗帘盒两端伸出的长度不一致：主要是窗中心与窗帘盒中心相对不准，操作不认真所致。安装时应核对尺寸使两端长度相同。

3) 窗帘轨道脱落：多数由于盖板太薄或螺栓松动造成。一般盖板厚度不宜小于15mm；薄于15mm的盖板应用机螺栓固定窗帘轨。

4) 窗帘盒迎面板扭曲：加工时木材干燥不好，入场后存放受潮，安装时应及时刷油漆一遍。

(2) 壁柜、吊柜及固定家具安装

1) 抹灰面与框不平，造成贴脸板、压缝条不平：主要是因框不垂直，面层平度不一致或抹灰面不垂直。

2) 柜框安装不牢：预埋木砖安装时松动，固定点少，用钉固定时，要数量够，木砖埋牢固。

3) 合页不平，螺栓松动，螺母不平正，缺螺栓，合页槽深浅不一，安装时螺栓打入太长。操作时螺栓打入长度1/3，拧入深度应2/3，不得倾斜。

4) 柜框与洞口尺寸误差过大，造成边框与侧墙、顶与上框间缝隙过大，注意结构施工留洞尺寸，严格检查确保洞口尺寸。

(3) 开关、插座安装

1) 开关、插座的面板不平整，与建筑物表面之间有缝隙，应调整面板后再拧紧固定螺栓，使其紧贴建筑物表面。

2) 开关未断相线，插座的相线、零线及地线压接混乱，应按要求进行改正。

3) 多灯房间开关与控制灯具顺序不对应。在接线时应仔细分清各路灯具的导线，依次压接，并保证开关方向一致。

4) 固定面板的螺栓不统一（有一字和十字螺栓）。为了美观，应选用统一的螺栓。

5) 同一房间的开关、插座的安装高度差超出允许偏差范围，应及时更正。

6) 铁管进盒护口脱落或遗漏。安装开关、插座接线时，应注意把护口带好。

7) 开关、插座面板已经上好，但盒子过深（大于2.5cm），未加套盒处理，应及时补上。

8) 开关、插销箱内拱头接线，应改为鸡爪接导线总头，再分支导线接各开关或插座端头。或者采用 LC 安全型压线帽压接总头后，再分支进行导线连接。

9. 轻质隔墙工程中的质量缺陷及分析处理

(1) 纸面石膏板隔墙板面接缝有痕迹

1) 原因分析

石膏板端呈直角，当贴穿孔纸带后，由于纸带厚度，出现明显痕迹。

2) 防治措施

防止石膏板接缝处出现裂缝的有效办法是对石膏板倒角，倒角的石膏板可在订货时向厂家提出，由厂家直接生产，也可现场加工。

(2) 石膏板隔墙墙板与结构连接不牢

复合石膏板的这一质量通病，产生原因及防治措施与上述相同；工字龙骨板隔墙的质量通病是：隔墙与主体结构连接不严，但多出现在边龙骨。

1) 原因分析

边龙骨预先粘好薄木块，作为主要粘结点，当木块厚度超过龙骨翼缘宽度时，因木块是断续的，所以造成连接不严；龙骨变形也会出现上述情况。

2) 防治措施

边龙骨粘木块时，应控制其厚度不得超过龙骨翼缘，同时，边龙骨应经过挑选。安装边龙骨时，翼缘边部顶端应满涂结构胶水泥砂浆，使之粘结严密。

(3) 加气混凝土条板隔墙表面不平整

板材缺棱掉角；接缝有错台，表面凹凸不平超出允许偏差值。

1) 原因分析

① 条板不规矩，偏差较大；或在吊运过程中吊具使用不当，损坏板面和棱角。

② 施工工艺不当，安装时不跟线；断板时未锯透就用力断开，造成接触面不平。

③ 安装时用撬棍撬动，磕碰损坏。

2) 防治措施

① 加气混凝土条板在装车、卸车或现场搬运时，应采用专用吊具或用套胶管的钢丝绳轻吊轻放，并应侧向分层码放，不得平放。

② 条板切割应平整垂直，特别是门窗口边侧必须保持平直；安装前要选板，如有缺棱掉角，应用与加气混凝土材性相近的修补剂进行修补；未经修补的坏板或表面酥松的板不得使用。

③ 安装前应在顶板（或梁底）和墙上弹线，并应在地面上放出隔墙位置线，安装时以一面线为准，接缝要求平顺，不得有错台。

(4) 木板条隔墙与结构或门架固定不牢

门框活动，隔墙松动，严重者影响使用。

1) 原因分析

① 上下槛和立体结构固定不牢；立筋与横撑没有与上下槛形成整体。

② 龙骨不合设计要求。

③ 安装时，施工顺序不正确。
④ 门口处下槛被断开后未采取加强措施。

2) 防治措施

① 横撑不宜与隔墙立筋垂直，而应倾斜一些，以便调节松紧和钉钉子。其长度应比立筋净空大 10～15mm，两端头按相反方向锯成斜面，以便与立筋连接紧密，增强墙身的整体性和刚度。

② 立筋间距应根据进场板条长度考虑，量材使用，但最大间距不得超过 500mm。

③ 上下槛要与主体结构连接牢固，能伸入结构部分应伸入嵌牢。

④ 选材符合要求，不得有影响使用的瑕疵，断面不应小于 40mm×70mm。

⑤ 正确按施工顺序安装。

⑥ 门口等处应按实际补强，采用加大用料断面，通天立筋卧入楼板锚固等。

10. 地面工程中的质量缺陷及分析处理

(1) 水泥砂浆地面起砂

1) 现象

地面表面粗糙，颜色发白，不坚实。走动后，表面先有松散的水泥灰，用手摸时像干水泥面。随着走动次数的增多，砂粒逐渐松动或有成片水泥硬壳剥落，露出松散的水泥和砂子。

2) 治理

① 小面积起砂且不严重时，可用磨石将起砂部分水磨，直至露出坚硬的表面。也可以用纯水泥浆罩面的方法进行修补，其操作顺序是：清理基层→充分冲洗湿润→铺设纯水泥浆（或撒干水泥面）1～2mm→压光 2～3 遍→养护。如表面不光滑，还可水磨一遍。

② 大面积起砂，可用结构胶水泥浆修补，具体操作方法和注意事项如下：

A. 用钢丝刷将起砂部分的浮砂清除掉，并用清水冲洗干净。地面如有裂缝或明显的凹痕时，先用水泥拌合少量的结构胶制成的腻子嵌补。

B. 用结构胶加水（约一倍水）搅拌均匀后，涂刷地面表面，以增强结构胶水泥浆与面层的粘结力。

C. 结构胶水泥浆应分层涂抹，每层涂抹约 0.5mm 厚为宜，一般应涂抹 3～4 遍，总厚度为 2mm 左右。底层胶浆的配合比可用水泥∶结构胶∶水＝1∶0.25∶0.35（如掺入水泥用量的 3%～4% 的矿物颜料，则可做成彩色结构胶水泥浆地面），搅拌均匀后涂抹于经过处理的地面上。操作时可用刮板刮平，底层一般涂抹 1～2 遍。面层胶浆的配合比可用水泥∶结构胶∶水＝1∶0.2∶0.45（如做彩色结构胶水泥浆地面时，颜色掺量同上），一般涂抹 2～3 遍。

D. 当室内气温低于 +10℃ 时，结构胶将变稠甚至会结冻。施工时应提高室温，使其自然融化后再行配制，不宜直接用火烤加温或加热水的方法解冻。结构胶水泥浆不宜在低温下施工。

E. 108 胶掺入水泥（砂）浆后，有缓凝和降低强度的作用。试验证明，随着结构胶掺量的增多，水泥（砂）浆的粘结力也增加，但强度则逐渐下降。结构胶的合理掺量应控制在水泥重量的 20% 左右。另外，结块的水泥和颜料不得使用。

F. 涂抹后按照水泥地面的养护方法进行养护，2~3d 后，用细砂轮或油石轻轻将抹痕磨去，然后上蜡一遍，即可使用。

③ 对于严重起砂的水泥地面，应作翻修处理，将面层全部剔除掉，清除浮砂，用清水冲洗干净。铺设面层前，凿毛的表面应保持湿润，并刷一层水灰比为 0.4~0.5 的素水泥浆（可掺入适量的结构胶），以增强其粘结力，然后用 1∶2 水泥砂浆另铺设一层面层，严格做到随刷浆随铺设面层。面层铺设后，应认真做好压光和养护工作。

（2）楼地面面层不规则裂缝

1）现象

预制板楼地面或现浇板楼地面上都会出现这种不规则裂缝，有的表面裂缝，也有连底裂缝，位置和形状不固定。

2）治理

对楼地面产生的不规则裂缝，由于造成原因比较复杂，所以在修补前，应先进行调查研究，分析产生裂缝的原因，然后再进行处理。对于尚在继续开裂的"活裂缝"，如为了避免水或其他液体渗过楼板而造成危害，可采用柔性材料（如沥青胶泥、嵌缝油膏等）作裂缝封闭处理。对于已经稳定的裂缝，则应根据裂缝的严重程度作如下处理：

① 裂缝细微，无空鼓现象，且地面无液体流淌时，一般可不作处理。

② 裂缝宽度在 0.5mm 以上时，可做水泥浆封闭处理，先将裂缝内的灰尘冲洗干净，晾干后，用纯水泥浆（可适量掺些结构胶）嵌缝。嵌缝后加强养护，常温下养护 3d，然后用细砂轮在裂缝处轻轻磨平。

③ 如裂缝涉及结构受力时，则应根据使用情况，结合结构加固一并进行处理。

④ 如裂缝与空鼓同时产生时，则可参照以下方法进行处理：

A. 如裂缝较细，楼面又无水或其他液体流淌时，一般可不作修补。

B. 如裂缝较粗，或虽裂缝较细，但楼面经常有水或其他液体流淌时，则应进行修补。

C. 当房间外观质量要求不高时，可用凿子凿成一条浅槽后，用屋面用胶泥（或油膏）嵌补。凿槽应整齐，宽约 10mm，深约 20mm。嵌缝前应将缝内清理干净，胶泥应填补平、实。

D. 如房间外观质量要求较高，则可顺裂缝方向凿除部分面层（有找平层时一起凿除，底面适量凿毛），宽度 1000~1500mm，用不低于 C20 的细石混凝土填补，并增设钢筋网片。

（3）预制水磨石、大理石地面空鼓

1）原因分析

① 基层清理不干净或浇水湿润不够，造成垫层和基层脱离。

② 垫层砂浆太稀或一次铺得太厚，收缩太大，易造成板与垫层空鼓。

③ 板背面浮灰未清刷净，又没浇水，影响粘结。

④ 铺板时操作不当，锤击不当。

2）防治措施

① 基层必须清理干净，并充分浇水湿润，垫层砂浆应为干硬性砂浆；粘贴用的纯水泥浆应涂刷均匀，不得用扫浆法。

② 预制板和石板背面必须清理干净，并刷水事先湿润，待表面稍晾干后方可铺设。

③ 当基层较低或过凹时，宜先用细石混凝土找平，再垫 1∶3～1∶4 干硬性水泥砂浆，厚度在 2.5～3cm 为宜。铺放板材时，宜高出地面线 3～4mm，若砂浆铺得过厚，放上板材后，砂浆底部不易砸实，也常常引起局部空鼓。

④ 作好初步试铺，并用橡皮锤敲击，既要达到铺设高度，也要使垫层砂浆平整密实。根据锤击的空实响声，搬起板材，或增或减砂浆，再浇一薄层素水泥浆后安铺板材，注意平铺时要四角平稳落地。锤击时，不要砸板的边角；若垫方木锤击，方木长度不得超过单块板的长度，更不要搭在另一块已铺设的板材上敲击，以免引起空鼓。

⑤ 板材铺设 24h 后，应洒水养护 1～2 次，以补充水泥砂浆在硬化过程中所需水分，保证板材与砂浆粘结牢固。

⑥ 浇缝前应将地面扫净，并把板材上和拼缝内松散砂浆用开刀清除掉；灌缝应分几次进行，用长把刮板往缝内刮浆，务必使水泥浆填满缝子和部分边角不实的空隙。灌缝 24h 后再浇水养护，然后覆盖锯末等保护成品进行养护。养护期间禁止上人踩踏。

（4）预制水磨石、大理石地面接缝不平、缝不匀

板材地面铺设，往往会在门口与楼道相接处出现接缝不平，或纵横方向缝不匀。

1) 原因分析

① 板块材料本身有厚薄、宽窄、窜角、翘曲等缺陷，事先挑选又不严格，造成铺设后在接缝处产生不平，缝不匀现象。

② 各个房间内水平标高线不一致，使之与楼道相接的门口处出现地面高低偏差。

③ 板块铺设后，成品保护不好，在养护期内过早上人，板缝也易出现高低差。

④ 拉线或弹线误差过大，造成缝不匀。

2) 防治措施

① 应由专人负责从楼道统一往各房间内引进标高线，房间内应四边取中，在地面上弹出十字线（或在地面标高处拉好十字线）。铺贴时，应先安放好十字线交叉处最中间的一块板材作为标准；若以十字线为中缝时，也可在十字线交叉点对角处安设两块标准块。标准块为整个房间的水平标准及经纬标准，应用 90°角尺及水平尺仔细校正。

② 从标准块向两侧和后退方向顺序铺贴，并注意随时用水平尺和直尺找准。缝子必须通长拉线，不能有偏差；铺设前分段分块尺寸要事先排好定死，以免产生游缝、缝子不匀和最后一块铺不下或缝子过大的现象。

③ 板材应事先用垂尺检查，对有翘曲、拱背、宽窄不方正等缺陷的板挑出不用，或在试铺时认真调整，用在适当部位。

（5）现浇水磨石地面分格显露不清

1) 现象

分格条显露不清，呈一条纯水泥斑带，外形不美观。

2) 原因分析

① 面层水泥石子浆铺设厚度过高，超过分格条较多，使分格条难以磨出。

② 铺好面层后，磨石不及时，水泥石子面层强度过高（亦称"过老"），使分格条难以磨出。

③ 第一遍磨光时，所用的磨石号数过大，磨损量过小，不易磨出分格条。

④ 磨光时用水量过大，使磨石机的磨石在水中呈飘浮状态，这时磨损量也极小。

3) 预防措施

① 控制面层水泥石子浆的铺设厚度,虚铺高度一般比分格条高出 5mm 为宜,待用滚筒压实后,则比分格条高出约 1mm,第一遍磨完后,分格条就能全部清晰外露。

② 水磨石地面施工前,应准备好一定数量的磨石机。面层施工时,铺设速度应与磨光速度(指第一遍磨光速度)相协调,避免开磨时间过迟。

③ 第一遍磨光应用 60~90 号的粗金刚砂磨石,以加大其磨损量。同时磨光时应控制浇水速度,浇水量不应过大,使面层保持一定浓度的磨浆水。

(6) 木质材料饰面人行走时有响声

1) 原因分析

① 木搁栅本身含水率大或施工时周围环境湿度大使木搁栅受潮,完工后木搁栅干燥收缩松动。

② 固定木搁栅的预埋铜丝、"门"形铁件被踩断或不符合要求,搁栅固定处松动,也可能是固定点间距过大,搁栅变形松动。

③ 毛地板、面板钉子少钉或钉得不牢。

④ 木搁栅铺完后,未认真进行自检。

2) 防治措施

① 木搁栅及毛地板必须用干燥材料。毛地板的含水率不大于 15%,木搁栅的含水率不大于 20%。木搁栅应在室内环境比较干燥的情况下铺设。一般应在室内湿作业完成后晾放 7~10d,雨季晾放 10~15d。

② 采用预埋铜丝法,要注意保护铜丝,不要弄断;锚固铁件,顺搁栅间距不大于 800mm,锚固铁钉面宽度不小于 100mm,并用双股 14 号铜丝与木搁栅绑扎牢;采用螺栓连接时,螺母应拧紧。调平用垫块,应设在绑扎处,宽度不小于 40mm,两头伸出木搁栅不小于 20mm,并用钉子钉牢。

③ 基层为预制楼板的,其锚固铁应设于叠合层。如无叠合层时,可设于板缝内,埋铁中距 400mm。如预制板宽超过 900mm 时,应在板中间增加锚固点。

④ 横撑或剪刀撑间距 800mm,与搁栅钉牢,但横撑表面应低于搁栅面约 10mm。

⑤ 搁栅铺钉完,要认真检查有无响声;每层块板所钉钉子,数量不应少钉,并要钉牢固。随时检查,不符合要求应及时修理。

(7) 木质材料饰面拼缝不严

1) 原因分析

① 地板条规格不符合要求。如不直(有顺弯或死弯)、宽窄不一、企口榫太松等。

② 拼装企口地板条时缝太虚,表面上看结合紧密,经刨平后即显出缝隙,或拼装时敲打过猛,地板条回弹,钉后造成缝隙。

③ 面层板铺设至接近收尾时,剩余的宽度与地板条的宽度不成倍数,为凑整块,加大板缝;或者将一部分地板条宽度加以调整,经手工加工后地板条不很规矩,即产生缝隙。

④ 板条受潮,在铺设阶段含水率过大,铺设后经风干收缩而产生大面积"拔缝"。

2) 防治措施

① 地板条拼装前,应严格挑选,尺寸应符合标准,有腐朽、结疤、劈裂、翘曲等应

剔除。宽窄不一、企口不符合要求的应先修理再用。地板条有顺弯应刨直，有死弯应从死弯处截断，修理后方可使用。

② 为使地板面层铺设严密，铺钉前房间应弹线找方，并弹出地板周边线。踢脚板根部有凹形槽的，周圈先钉凹形槽。

③ 长条地板与木搁栅垂直铺钉，当地板条为松木或为宽度大于70mm的硬木时，其接头必须在搁栅上。接头应互相错开，并在接头的两端各钉一枚钉子。

④ 长条地板铺至接近收尾时，要先计算一下差几块到边，以便将该部分地板条修成合适的宽度。严禁用加大缝隙来调整剩余宽度。装最后一块地板条不易严密，可将地板条刨成略有斜度的大小头，以小头插入并楔紧。

⑤ 木地板铺完后应及时刨平磨光，立即上油或烫蜡，以免"拔缝"。

⑥ 若发现缝小于1mm者，用同种木料的锯末加树脂胶和腻子嵌缝。缝隙大于1mm时，用相同材料刨成薄片（像刀背形），蘸胶后嵌入缝内刨平。如修补的面积较大，影响美观，可将烫蜡改为油漆，并加深地面的颜色。

(8) 木踢脚板安装表面不平，与地板面不垂直，接槎高低不平及不严密等。

1) 原因分析

① 木砖间距过大，垫木表面不在同一平面上，踢脚板钉完后呈波浪形。

② 踢脚板变形翘曲，与墙面接触不严。

③ 踢脚板与地面不垂直，垫木不平或铺钉时未经套方。

④ 铺钉时未拉通线，踢脚板上口不平。

2) 防治措施

① 墙体内应预埋木砖，中距不得大于400mm，并要上下错位设置或立放，转角处或端头必须埋设木砖。

② 加气混凝土墙或其他轻质隔墙，踢脚板以下要砌普通机制砖，以便埋设木砖。

③ 钉木踢脚板时先在木砖上钉垫木，垫木要平整，并拉通线找平，然后再钉踢脚板。

④ 为防止踢脚板翘曲，应在其靠墙的一面设两道变形槽，槽深3~5mm，宽度不少于10mm。

⑤ 踢脚板上面的平线要从基本平线往下量，而且要拉通线。

⑥ 墙面抹灰要用大杠刮平，安踢脚板时要贴严，踢脚板上边压抹灰墙不小于10mm，钉子应尽量靠上部钉。

⑦ 踢脚板与木地板交接处有缝隙时，可加钉三角形或半圆形木压条。

下篇 专业技能

七、编制施工项目质量计划

（一）专业技能概述

1. 施工项目质量计划内容

施工项目质量计划是指确定施工项目的质量目标和达到这些质量目标所规定的必要的作业过程、专门的质量措施和资源等工作计划。施工项目质量计划的基本内容：

(1) 工程特点及施工条件分析。
(2) 质量总目标及其分解目标。
(3) 质量管理组织机构和职责，人员及资源配置计划。
(4) 确定施工工艺与操作方法的技术方案和施工组织方案。
(5) 施工材料、设备等物资的质量管理及控制措施。
(6) 施工质量检验、检测、试验工作的计划安排及其实施方法与检测标准。
(7) 施工质量控制点及其跟踪控制的方式与要求。
(8) 质量记录的要求。
(9) 达到质量目标的测量、验收方法。
(10) 达到质量目标应采取的其他措施。
(11) 纠正和预防措施。

施工项目质量计划作为对外质量保证和对内质量控制的依据文件，应体现施工项目从分项、分部到单位工程的系统控制过程，同时也要体现从资源投入到完成工程质量最终检验和试验的全过程控制。其基本要求是施工项目竣工交付业主（用户）使用时，质量要求达到合同范围内的全部工程的所有使用功能符合设计（或更改）图纸要求；检验批、分部、分项、单位工程质量达到施工质量验收统一标准。

2. 施工项目质量计划编写

(1) 总体目标内容

施工项目质量总体目标应包括质量目标、工期目标、环境目标、职业健康安全目标等。质量目标一般由企业技术负责人、项目经理部管理层经认真分析施工项目特点、项目经理部情况及企业生产经营总目标后决定。

(2) 项目组织机构与职责

1) 项目经理是施工项目实施的最高负责人，对工程符合设计（或更改）、质量验收标准、各阶段按期交工负责，以保证整个工程项目质量符合合同要求。

2）施工员对施工项目的施工进度负责，调配人力、物力保证按图纸和规范施工，协调同业主（用户）、分包商的关系，负责审核结果、整改措施和质量纠正措施的实施。

3）施工工长、测量员、实验员、计量员在项目质量副经理的直接指导下，负责所管部位和分项施工全过程的质量，使其符合图纸和规范要求，有更改的要符合更改要求，有特殊规定的要符合特殊要求。

4）材料员、机械员对进场的材料、构件、机械设备进行质量验收和退货、索赔，对业主或分包商提供的物资和机械设备要按合同规定进行验收。

（3）施工工艺技术方案及施工组织设计

施工项目质量计划中要规定施工组织设计或专项项目质量计划的编制要点及接口关系；规定重要施工过程技术交底的质量策划要求；规定新技术、新材料、新结构、新设备的策划要求；规定重要过程验收的准则或者技艺判定方法。

（4）材料设备采购、运输和保管、试验等

施工项目质量计划对施工项目所需的材料、设备等要规定供方产品标准及质量管理体系的要求；采购的规定；检查、检验、验证规定要求的方法；不合格的处理办法；材料、构件、设备的运输、装卸、存收的控制方案、措施的规定；有可追溯性的要求时，要明确其记录、标志的主要方法等。

（5）工程质量检验、验收、记录

1）隐蔽工程、分部分项工程的验收、特殊要求的工程等必须做可追溯性记录，施工项目的质量计划要对其可追溯性的范围、程序、标识、所需记录及如何控制和分发这些记录等内容作出规定。

2）标高控制点、编号、安全标志、标牌等是施工项目的重要标识，质量计划要对这些标识的准确性控制措施、记录等内容进行详细规定。

3）重要材料（如钢材、构件等）及重要施工设备必须具有可追溯性。

（6）产品保护与交付

施工项目的质量计划要对成品保护和交付过程的控制方法作出相应的规定。具体包括：施工项目实施过程所形成的分部、分项、单位工程的半成品、成品保护方案、措施、交接方式等内容的规定；工程中间交付、竣工交付过程的收尾、维护、验收、后续工作处理的方案、措施、方法的规定等。

（二）工程案例分析

【案例 7-1】

背景：

北京某酒店进行全面装饰装修升级，主要装饰装修工程有楼地面工程、墙柱面工程、天花吊顶工程及室外装饰装修工程等。施工企业分析项目特点，制订了详细的质量控制计划，精心组织施工，保证了工程的顺利完工。

问题：

（1）质量计划总体目标及分目标内容是什么？

(2) 质量计划如何对质量进行控制?

(3) 质量计划对项目部及施工人员有何规定?

分析与解答：

(1) 施工项目质量总体目标应包括质量目标、工期目标、环境目标、职业健康安全目标等。

该项目总体质量目标为：符合国家《建筑装饰装修工程质量验收标准》GB 50210—2018，达到合格要求。

质量方针：遵章守法，诚信服务，精心施工，追求卓越。

工期目标：2019年3月16日开工，2019年9月30日竣工。

环境目标：污水达标排放；目测无扬尘；施工场界噪声达标排放；固体废弃物实行100%分类。

职业健康安全目标：杜绝死亡事故、重伤和职业病的发生；杜绝火灾、爆炸和重大机械事故的发生；轻伤事故发生频率控制在1‰以内；创建北京市文明安全工地。

(2) 施工项目的质量计划要对工程从合同签订到交付全过程的控制方法作出相应的规定。具体包括：施工项目的各种进度计划的过程识别和管理规定；施工项目实施全过程各阶段的控制方案、措施及特殊要求；施工项目实施过程需用的程序文件、作业指导书；隐蔽工程、特殊工程进行控制、检查、鉴定验收、中间交付的方法及人员上岗条件和要求等；施工项目实施过程需要使用的主要施工机械设备、工具的技术和工作条件、运行方案等。

(3) 施工项目质量计划要规定项目经理部管理人员及操作人员的岗位任职标准及考核认定方法；规定施工项目人员流动的管理程序；规定施工项目人员进场培训的内容、考核和记录；规定新技术、新结构、新材料、新设备的操作方法和操作人员的培训内容；规定施工项目所需的临时设施、支持服务性手段、施工设备及通信设施；规定为创建施工环境所需要的其他资源等。

八、评价装饰装修工程主要材料的质量

（一）专业技能概述

建筑工程采用的主要材料、半成品、成品、构配件、器具、设备应进行现场验收，有进场检验记录；涉及安全、功能的有关材料应按工程施工质量验收规范及相关规定进行复试或有见证取样送检，有相应试（检）验报告。质检员应从以下几个方面评价装饰装修工程主要材料的质量：

1. 质量证明文件

检查材料出厂质量证明文件及检测报告是否齐全，建筑装饰装修工程采用的主要材料、半成品、成品、建筑构配件等均应有出厂质量证明文件（包括产品合格证、质量合格证、检验报告、试验报告、产品生产许可证和质量保证书等）。质量证明文件应反映工程材料的品种、规格、数量、性能指标等，并与实际进场材料相符。质量证明文件的复印件应与原件内容一致，加盖原件存放单位公章，注明原件存放处，并有经办人签字和时间。

凡使用的新材料、新产品，应有具备鉴定资格的单位或部门出具的鉴定证书，同时具有产品质量标准和试验要求，使用前应按其质量标准和试验要求进行试验或检验。新材料、新产品还应提供安装、维修、使用和工艺标准等相关技术文件。

进口材料和设备等应有商检证明〔国家认证委员会公布的强制性认证（CCC）产品除外〕、中文版的质量证明文件、性能检测报告以及中文版的安装、维修、使用、试验要求等技术文件。

2. 外观质量

检查材料外观质量是否满足设计要求或规范规定，实际进场材料数量、规格和型号等是否满足设计和施工计划要求。

3. 复验报告

按规定应进场复试的工程材料，必须在进场检查验收合格后取样复试，主要材料的取样和试验项目应符合要求，见证取样按规定的要求执行。

4. 专业技能要求

通过学习和工作实践，质量员应能够对进场材料进行验收，能够按照国家现行标准的规定对需要进行复验的材料进行复试或见证取样送检。

（二）工程案例分析

【案例 8-1】

背景：

海南某城市综合大楼室内外装饰装修改造工程施工项目有轻钢龙骨石膏板顶棚、轻钢龙骨石膏板隔墙、内外墙饰面砖、玻璃幕墙、天然花岗石及大理石石材地面、涂饰、裱糊与软包、细部工程等。

问题：

（1）材料、构配件进场验收的主要内容包括哪些？

（2）本工程有哪些材料需要复验？并说明复验的指标。

（3）怎样检查评价纸面石膏板的外观质量？

分析与解答：

（1）材料、构配件进场后，应由建设、监理单位会同施工单位对进场材料、构配件进行检查验收，填写《材料、构配件进场检验记录》。主要检验内容包括：

1）材料、构配件出厂质量证明文件及检测报告是否齐全。

2）实际进场材料和构配件数量、规格及型号等是否满足设计和施工计划要求。

3）材料、构配件外观质量是否满足设计要求或规范规定。

4）按规定须抽检的材料、构配件是否及时抽检等。

（2）本工程应对以下材料及性能指标进行复验。

1）水泥的凝结时间、安定性和抗压强度。

2）防水材料：厕浴间使用的防水材料。

3）室内用人造木板及饰面人造木板的甲醛含量。

4）室内用天然花岗石的放射性。

5）外墙陶瓷面砖的吸水率，水泥基粘结材料与所用外墙饰面砖的拉伸粘结强度，伸缩缝耐候密封胶的污染性。

6）玻璃幕墙用结构胶的邵氏硬度、标准条件拉伸粘结强度、相容性试验，中空玻璃的密封性能，防火、保温材料的燃烧性能，铝材、钢材受力构件的抗拉强度。

（3）在光照明亮的条件下，距试样 0.5m 处进行检查，记录每张板材上影响使用的外观质量情况，以五张板材中缺陷最严重的那张板材的情况作为该组试样的外观质量。纸面石膏板板面平整，不应有影响使用的波纹、沟槽、亏料、漏料和划伤、破损、污痕等缺陷。

【案例 8-2】

背景：

某装饰公司承接了寒冷地区某商场的室内外装饰工程。其中，室内地面采用地面砖镶贴，顶棚工程部分采用木龙骨，室外部分墙面为铝板幕墙，采用进口硅酮结构密封胶、铝塑复合板，其余外墙为加气混凝土外镶贴陶瓷砖。施工过程中，发生如下事件：

事件一：因木龙骨为甲供材料，施工单位未对木龙骨进行检验和处理就用到工程上。施工单位对新进场外墙陶瓷砖和内墙砖的吸水率进行了复试，对铝塑复合板核对了产品质量证明文件。

事件二：在送样待检时，为赶计划，施工单位未经监理许可就进行了外墙饰面砖镶贴施工，导致复验报告部分指标未能达到要求。

事件三：外墙面砖施工前，工长安排工人在陶粒空心砖墙面上做了外墙饰面砖样板件，并对其质量验收进行了允许偏差的检验。

问题：

（1）进口硅酮结构密封胶使用前应提供哪些质量证明文件和报告？

（2）事件一中，施工单位对甲供的木龙骨是否需要检查验收？木龙骨使用前应进行什么技术处理？

（3）事件一中，外墙陶瓷砖复试还应包括哪些项目，是否需要进行内墙砖吸水率复试？铝塑复合板应进行什么项目的复验？

（4）事件二中，施工单位的做法是否妥当？为什么？

（5）指出事件三中外墙饰面砖样板件施工中存在的问题，写出正确做法。补充外墙饰面砖质量验收的其他检验项目。

分析与解答：

（1）应提供产品合格证、中文说明书及相关性能的检测报告，进口产品还应提供商检报告。

（2）甲供材料也需要检查验收。木龙骨使用前还应进行防火、防腐、防蛀等技术处理。

（3）外墙陶瓷砖抗冻性、水泥基粘结材料与所用外墙饰面砖冻融循环后的拉伸胶粘强度、伸缩缝耐候密封胶的污染性。不需复验内墙砖吸水率，铝塑复合板的剥离强度应进行复验。

（4）不妥当。理由：1）未提出复试报告；2）未报请监理同意。

（5）存在问题：外墙饰面砖样板件不应做在陶粒空心砖墙面上，而应做在加气混凝土外墙上。样板件的基层与大面积施工的基层应相同（加气混凝土墙上）。还应对外墙面饰面砖进行粘结强度检验。

【案例 8-3】

背景：

某寒冷地区商业大厦室内外装饰工程，施工情况如下：

（1）建设方提出，花岗石幕墙工程应对石材的弯曲强度和放射性、玻璃的化学成分以及石材用密封胶的污染性进行抽样复验。

（2）外墙局部做隐框玻璃幕墙。幕墙采用的硅酮结构密封胶，由密封胶生产厂商提供相容性试验合格的检测报告。

（3）外墙铝合金门窗和木门窗安装完成后，监理工程师发现均无三性试验报告，后由生产厂商补充提供了铝合金窗的三性试验报告和出厂合格证，但监理工程师认为三性试验报告还有缺项。

问题：

（1）建设方提出的材料复验项目哪些是合理的？哪些是可不进行复验的？

（2）本工程的花岗石板材还应对哪些性能指标进行复验？为什么？

(3) 幕墙用的硅酮结构密封胶的相容性试验是否有效？为什么？

(4) 本工程需要对哪些门窗提供三性试验报告？监理工程师的意见是否正确？三性试验报告还有哪些缺项？

分析与解答：

(1) 建设方要求对花岗石石材弯曲强度、石材用密封胶的污染性进行复验是合理的；石材的放射性和玻璃的化学成分无特殊情况可不进行复验。

(2) 还应对花岗石板材的耐冻融性能进行复验。根据规范要求，在寒冷地区应对石材的耐冻融性能进行复验。

(3) 无效。应由有资质的检测单位进行检测，生产厂商为本厂产品提供的检测报告，不能作为质量验收的依据。

(4) 本工程只需对铝合金外窗提供三性试验报告。监理工程师意见正确。规范要求对铝合金窗的三项性能进行复验，即除了厂方应提供的三性试验报告和出厂合格证外，施工单位在铝合金窗到达现场后，还应会同监理工程师见证取样，并送至有资质的检验机构进行复验。

【案例 8-4】

背景：

某南方城市的高层商业大厦，建筑主楼为单元式隐框玻璃幕墙，裙楼为花岗岩石材幕墙，幕墙系统采用断桥铝型材、钢化中空低辐射（Low-E）镀膜玻璃，单元板块的加工养护在幕墙公司的加工车间完成，双组分硅酮结构密封胶在使用前进行了相容性等相关试验。在玻璃幕墙安装完毕后，由施工单位委托具备相应资质的检测机构对幕墙进行了"四性试验"检测，符合规范要求，于是对该幕墙工程施工质量进行了验收。

问题：

(1) 工程施工过程中，监理公司要求对中空玻璃进行复验是否合理？说明理由。

(2) 石材的抗冻性和放射性指标是否应进行复验？说明理由。

(3) 除相容性实验之外，双组分硅酮结构密封胶还应进行哪两项实验，目的是什么？

(4) 幕墙的"四性试验"是指什么？指出施工单位对幕墙进行"四性试验"做法中的不妥之处，并给出正确的做法。

分析与解答：

(1) 合理。根据《建筑装饰装修工程质量验收标准》GB 50210—2018 的规定，应该对中空玻璃的密封性能进行复验。

(2) 不需要进行复验。因为《建筑装饰装修工程质量验收标准》GB 50210—2018 只要求对寒冷地区石材幕墙所用石材的抗冻性进行复验，本工程在某南方城市，故可不进行复验；只要求对室内用花岗石的放射性进行复验，本工程在室外，故也可不进行复验。

(3) 双组分硅酮结构密封胶还应进行混匀性（蝴蝶）试验和拉断（胶杯）试验。混匀性（蝴蝶）实验是检验结构胶的混匀程度；拉断（胶杯）实验是检验两个组分的配合比是否正确。

(4) 幕墙的"四性试验"是指规范要求工程竣工验收时，应提供建筑幕墙的抗风压性能、气密性能、水密性能、层间变形性能等四项试验的检测。

施工单位对幕墙进行"四性试验"的做法中错误之处："四性试验"应该在幕墙工程构件大批制作安装前完成，而不应该在幕墙完工验收时进行。

九、判断装饰装修施工试验结果

（一）专业技能概述

施工试验是对关系到使用安全和使用功能的已完分部分项工程质量、设备单机试运转、系统调试运行进行的现场检测、试验或实物取样试验。施工试验按规定应委托有资质的检测单位进行。根据设计要求和相关专业施工验收规范规定，建筑装饰装修工程有关安全和功能的检测项目见表 9-1。

建筑装饰装修工程有关安全和功能的检测项目　　　表 9-1

项次	子分部工程	检测项目
1	门窗工程	建筑外窗的气密性能、水密性能和抗风压性能
2	饰面板工程	饰面板后置埋件的现场拉拔力
3	饰面砖工程	外墙饰面砖样板及工程的饰面砖粘结强度
4	幕墙工程	1. 硅酮结构胶的相容性和剥离粘结性； 2. 幕墙后置埋件和槽式预埋件的现场拉拔力； 3. 幕墙的气密性能、水密性能、抗风压性能和层间变形性能
5	建筑地面工程	防水隔离层的蓄水试验； 有防水要求地面面层的泼水试验
6	—	室内环境污染物浓度检测

专业技能要求：通过学习和工作实践，质检员应熟悉装饰装修施工试验的内容、方法，掌握试件送、取样的要求，能够按照国家现行标准的规定评定施工试验结果。

（二）工程案例分析

【案例 9-1】
背景：
某综合大楼室内外装饰装修改造工程施工项目有：
（1）对所有卫生间做了蓄水试验，发现有 1 个卫生间管根渗漏，进行处理。
（2）外墙在普通黏土砖和加气混凝土墙面上粘贴饰面砖，项目部在普通黏土砖墙面上做了饰面砖的样板件，经有资质的检测单位进行饰面砖粘结强度检测合格。
（3）室外部分墙面改为玻璃幕墙，设计采用 2×12 不锈钢膨胀＋2×12 化学锚栓后置埋件。
（4）工程完工后，施工单位受建设单位的委托，请有资质的检测单位对室内环境进行了检测。

问题：

（1）指出本工程饰面砖样板件的检测报告不妥之处，说明理由。

（2）卫生间蓄水试验的要求是什么？

（3）幕墙后置埋件是否需要进行施工试验？其施工试验内容有哪些？如何选取试件？

（4）该装饰装修工程应何时组织进行室内环境质量验收？室内空气污染物浓度应检测哪些污染物，如何抽检？

分析与解答：

（1）只做一种样板件不妥，因为本工程饰面砖铺贴在普通黏土砖和加气混凝土两种不同的基层上，应根据不同的基层做两种不同的样板件，做在普通黏土砖基层上的样板件的粘结强度不能代表铺贴在加气混凝土基层上的饰面砖的粘结强度。

（2）防水层做完后做 24h 蓄水试验，面层做完后做二次 24h 蓄水试验，蓄水深度应符合要求。

（3）幕墙后置埋件需要进行施工试验，施工试验内容是后置埋件的现场拉拔强度。

锚固承载力现场检验试样选取规定：

1）锚固抗拔承载力现场非破坏性检验可采用随机抽样办法取样。

2）同规格、同型号、基本相同部位的锚栓组成一个检验批。抽取数量按每批锚栓总数的 1‰ 计算，且不少于 3 根。

3）对幕墙（非生命线工程的非结构构件）来说，应取每一检验批锚固件总数的 0.1% 且不少于 5 件进行检验。

（4）装饰装修工程的室内环境质量验收，应在工程完工不少于 7d 后、工程交付使用前进行。

室内环境污染物包括氡、甲醛、氨、苯、甲苯、二甲苯和总挥发性有机化合物。

验收时，应抽检每个建筑单体有代表性的房间室内环境污染物浓度，氡、甲醛、氨、苯、甲苯、二甲苯、TVOC 的抽检量不得少于房间总数的 5%，每个建筑单体不得少于 3 间，当房间总数少于 3 间时，应全数检测。室内环境污染物浓度现场检测点应距房间地面高度 0.8~1.5m，距房间内墙面不应小于 0.5m。检测点应均匀分布，且应避开通风道和通风口。

十、识读装饰装修工程施工图

（一）专业技能概述

1. 装饰装修工程施工图组成

装饰施工图是设计人员按照投影原理及国家绘图规范，用线条、数字、文字、符号及图例在图纸上画出的图。其主要用来表达设计构思和艺术观点、空间布置与装饰构造以及造型、选材、饰面、尺度等，并准确体现装饰工程构造做法等。

其主要包括：图纸目录、设计说明、材料表、平面系列图纸（平面布置图、楼地面铺装图、家具定位图、天花平面布置图等）、立面系列图纸（各房间立面图）、细部节点详图（天花、立面、家具、造型等节点详图）、重点放大图（复杂、细节丰富的平面、立面等）以及水电系列图纸、电气施工图［设计说明、平面布置（灯具、插座、开关）、系统图、材料表等］、给水排水施工图（设计说明、平面图、系统图等）。

（1）装饰装修工程施工图的作用

装饰装修工程施工图是在建筑施工图的基础上绘制出来的，用来表达装饰设计意图、空间布置、装饰构造以及造型、饰面、选材等的图样并准确体现装饰工程施工构造方法。施工图的作用主要体现在两个方面：一是指导施工，二是便于工程监督、预算、报审等。

（2）装饰装修工程施工图的特点

1）装饰装修工程施工图表达装饰装修工程的构造和饰面处理要求。其内容相当丰富。

2）为了表达翔实，符合施工要求，装饰装修施工图一般将建筑的一部分放大后图示，所用比例较大，因而有建筑局部放大图之说。

3）建筑装饰施工图图例部分无统一标准，多是在工程中相互沿用，各地方图纸仍有区别，所以需要文字说明。

4）建筑装饰施工图由于是建筑物某部位或某装饰空间的局部表示，笔力集中，有些细部描绘比建筑施工图更细腻。

2. 一般装饰装修工程施工图的识读

（1）识读装饰平面布置图

装饰平面图是假想用一个水平剖切面，将建筑物通过门窗洞的位置切开，移去上面的部分所得到的水平正投影图。它是装饰施工图中的主要图样，主要表达装饰材料、家具和设备的平面布置。装饰平面图表达的内容通常有：

1）原建筑主体结构及墙体修改后的定位。

2）各功能空间的家具的形状和位置。

3）厨房、卫生间的橱柜、操作台、洗手台、浴缸、大便器等形状和位置。

4）家电的形状、位置。

5）隔断、绿化、装饰构件、装饰小品。

6）标注建筑主体结构的开间和进深等尺寸、主要装修尺寸。

7）装修要求等文字说明。

(2) 识读楼地面铺装图

楼地面铺装图表达的内容通常有：

地面的造型、材料名称和工艺要求。表达各功能空间的地面的铺装形式，注明所选用材料的名称、规格；有特殊要求的还应注明工艺做法和详图尺寸标注，主要标注地面材料拼花造型尺寸、地面的标高。

(3) 识读顶棚平面布置图

1）顶棚造型、灯饰、空调风口、排气扇、消防设施的轮廓线，条块饰面材料的排列方向线；

2）建筑主体结构的主要轴线、轴号，主要尺寸；

3）顶棚造型及各类设施的定型定位尺寸、标高；

4）顶棚的各类设施、各部位的饰面材料、涂料规格、名称、工艺说明；

5）节点详图索引或剖面、断面等符号。

(4) 识读墙柱面装修图

1）墙柱面造型的轮廓线、壁灯、装饰件等；

2）顶棚轮廓线；

3）墙柱面饰面材料、涂料的名称、规格、颜色、工艺说明等；

4）尺寸标注：壁饰、装饰线等造型定形尺寸、定位尺寸；楼地面标高、顶棚标高等；

5）详图索引、剖面、断面等符号标注；

6）立面图两端墙柱体的定位轴线、编号。

3. 识读幕墙工程施工图

幕墙工程，由面板与支承结构体系（支承装置与支承结构）组成的、可相对主体有一定位移能力或自身有一定变形能力、不承担主体结构所受作用的建筑外围护墙或装饰性结构。

幕墙是建筑物的外墙围护，不承重，像幕布一样挂上去，故又称为悬挂墙，是现代大型和高层建筑常用的带有装饰效果的轻质墙体。由结构框架与镶嵌板材组成，不承担主体结构载荷与作用的建筑围护结构。

构件式幕墙的立柱（或横梁）先安装在建筑主体结构上，再安装横梁（或立柱），立柱和横梁组成框格，面板材料在工厂内加工成单元组件，再固定在立柱和横梁组成的框格上。面板材料单元组件所承受的荷载要通过立柱（或横梁）传递给主体结构。

构件式幕墙分为：

明框幕墙：金属框架的构件显露于面板外表面的框支承幕墙。

隐框幕墙：金属框架的构件完全不显露于面板外表面的框支承幕墙。

半隐框幕墙：金属框架的竖向或横向构件显露于面板外表面的框支承幕墙。

4. 专业技能要求

通过学习和训练，能够正确识读装饰装修工程施工图，参与图纸会审设计变更，实施设计交底。

（二）工程案例分析

1. 识读一般装饰装修工程施工图

【案例 10-1】
背景：
某装修公司设计好装修施工图后，交给施工人员，对图纸中的各项内容进行了详细的识读，按照装饰施工图中的内容对该建筑进行室内外装修工作。
问题：
（1）一般装饰装修工程平面布置图包括哪些内容？
（2）墙柱面装修图的内容有哪些？
分析与解答：
（1）一般装饰装修工程平面布置图表达的内容
1）建筑主体结构。
2）各功能空间的家具的形状和位置。
3）厨房、卫生间的橱柜、操作台、洗手台、浴缸、大便器等形状和位置。
4）家电的形状、位置。
5）隔断、绿化、装饰构件、装饰小品。
6）标注建筑主体结构的开间和进深等尺寸、主要装修尺寸。
7）装修要求等文字说明。
（2）墙柱面装修图的内容
1）墙柱面造型的轮廓线、壁灯、装饰件等。
2）顶棚及顶棚以上的主体结构。
3）墙柱面饰面材料、涂料的名称、规格、颜色、工艺说明等。
4）尺寸标注：壁饰、装饰线等造型定形尺寸、定位尺寸、楼地面标高、顶棚标高等。
5）详图索引、剖面、断面等符号标注。
6）立面图两端墙柱体的定位轴线、编号。

2. 识读幕墙工程施工图

【案例 10-2】
背景：
某宾馆进行幕墙工程施工，施工中编制了详细的施工方案，施工人员进行了幕墙工程施工图的交底，但是在施工中，施工队未及时通知有关单位验收东立面幕墙的节点就进行隐蔽，监理工程师要求重新检验。

问题：
（1）构件式幕墙分为哪几类？
（2）幕墙工程由哪几部分组成？

分析与解答：
（1）构件式幕墙分为：

明框幕墙：金属框架的构件显露于面板外表面的框支承幕墙。

隐框幕墙：金属框架的构件完全不显露于面板外表面的框支承幕墙。

半隐框幕墙：金属框架的竖向或横向构件显露于面板外表面的框支承幕墙。

（2）幕墙工程，由面板与支承结构体系（支承装置与支承结构）组成的、可相对主体有一定位移能力或自身有一定变形能力、不承担主体结构所受作用的建筑外围护墙或装饰性结构。

幕墙是建筑物的外墙围护，不承重，像幕布一样挂上去，故又称为悬挂墙，是现代大型和高层建筑常用的带有装饰效果的轻质墙体，由结构框架与镶嵌板材组成，不承担主体结构载荷与作用的建筑围护结构。

十一、确定装饰装修施工质量控制点

(一) 专业技能概述

施工质量控制点的设置是施工质量计划的重要组成内容,也是施工质量控制的重点对象。

1. 质量控制点的设置原则

质量控制点应选择那些技术要求高、施工难度大、对工程质量影响大或是发生质量问题时危害大的对象进行设置。

2. 质量控制点的重点控制对象

质量控制点的选择要准确,还要根据对重要质量特性进行重点控制的要求,选择质量控制点的重点部位、重点工序和重点的质量因素作为质量控制点的控制对象,进行重点预控和监控,从而有效地控制和保证施工质量。

3. 质量控制点的管理

设定了质量控制点,质量控制的目标及工作重点就更加明晰。
1) 要做好施工质量控制点的事前质量预控工作。
2) 要向施工作业班组进行认真交底,使每一个控制点上的作业人员明白作业规程及质量检验评定标准,掌握施工操作要领。
3) 做好施工质量控制点的动态设置和动态跟踪管理。

(二) 工程案例分析

【案例 11-1】
背景:
华北地区某市别墅装修工程,开放式厨房和餐厅采用金属板吊顶,车库、活动室墙面涂刷防霉抗菌涂料。
问题:
1. 确定室内防水工程的施工质量控制点。
2. 确定金属吊顶工程的施工质量控制点。
3. 确定室内防霉抗菌涂料的施工质量控制点。
分析与解答:
(1) 室内防水工程的施工质量控制点

1) 厕浴间的基层（找平层）可采用1：3水泥砂浆找平，厚度20mm，抹平压光、坚实平整，不起砂，要求基本干燥；泛水坡度应在2%以上，不得倒坡积水；在地漏边缘向外50mm内排水坡度为5%。

2) 浴室墙面的防水层不得低于1800mm。

3) 玻纤布的接槎应顺流水方向搭接，搭接宽度应不小于100mm。两层以上玻纤布的防水施工，上、下搭接应错开幅宽的二分之一。

4) 在墙面和地面相交的阴角处，出地面管道根部和地漏周围，应先做防水附加层。

(2) 金属吊顶工程的施工质量控制点

1) 吊顶不平：在拉通线检查时，应保证龙骨标高误差在允许的范围内。

2) 龙骨架局部节点不合理：在留洞、灯具口和风口等部位的龙骨安装时，应注意节点构造设置的龙骨和构件应符合设计要求。

3) 板块间缝隙不直：施工时要注意板块的规格，拉线找正，固定时保证找直找正。

(3) 墙面防霉抗菌涂料工程质量控制点

1) 透底：涂刷时注意不要漏刷，注意涂料的质量，保证涂料的稠度。

2) 接槎明显：涂刷时要注意涂刷顺序，要一排接一排地涂刷，时间间隔不要过长，要衔接紧密。

3) 刷纹明显：涂料太稠，应保证涂料的稠度适宜。

十二、编写质量控制措施等质量控制文件，实施质量交底

（一）专业技能概述

1. 参与编写质量控制措施等质量控制文件，实施质量交底

工程质量技术交底的内容主要包括任务范围、施工方法、质量标准和验收标准、施工中应注意的问题、可能出现意外的措施及应急方案、文明施工和安全防护、成品保护要求等。技术交底应围绕施工材料、机具、工艺、工法、施工环境和具体的管理措施等方面进行，应明确具体的步骤、方法、要求和完成的时间等。技术交底的形式有：书面、口头、会议、挂牌、样板、示范操作等。

2. 实施工程项目质量技术交底

（1）开工前准备

1）项目必须办好当地质监、安监部门的受监工作，并取得施工许可证；

2）组织好技术人员认真做好设计图纸会审工作，在项目技术负责人主持下，对项目部管理人员及操作工人实行技术交底；

3）项目部管理人员必须具有相应的岗位资格证书，责任明确，配备专职质量管理人员。建立以项目经理为组长的质量管理领导小组；

4）施工组织设计及各专项施工方案必须按照工程实际情况进行编制，并且应有指导性、针对性、可操作性。编制好后报公司（分公司）、监理审批认可后方可实施，应用新材料、新工艺等需通过专家认证的，还应按规定程序组织专家论证；

5）开工前，项目部应配备齐全本工程需要的现行技术规范，并由技术负责人组织各级技术人员学习，贯彻执行。

（2）施工过程

1）项目部技术负责人应在各分项工程施工前组织施工人员进行书面施工技术交底；

2）项目部应建立由项目经理、项目技术负责人、质量员、材料员等组成的材料进场验收小组，严格把关确保所进的材料全部为合格品、优等品；

3）应用新技术、新工艺、新材料、新设备的工程，项目部应制定培训计划上报公司人资部门，在应用前对操作班组实施培训；

4）严格做好技术复核工作和工序检查验收制度，在未经相关责任人签字同意前不得进入下道工序施工；

5）按现行技术规范、验收标准，项目部应按规定对各检验批开展质量检查。

（3）竣工验收

1）工程竣工验收前，项目部应进行一次初验，并形成书面记录。在认为符合竣工验收条件后以书面形式上报公司（分公司），由公司（分公司）工程部进行复查，对复查中提出的问题，项目部必须组织人员限期做好整改工作，对商品房应进行分户检查验收；

2）工程竣工验收通过后，项目部应在两个月内将工程竣工验收资料送公司（分公司）工程部存档；

3）工程交付使用后，如需进行质量保修工作，应由工程项目经理拟订保修施工方案，经公司审核批准后由项目经理组织实施。

3. 专业技能要求

通过学习和训练，能够参与编写质量控制措施等质量控制文件，实施质量交底。

（二）工程案例分析

【案例 12-1】

背景：

某宾馆大厅进行室内装饰装修改造工程施工，按照先上后下，先湿后干，先水电通风后装饰装修的施工顺序施工。顶棚工程按设计要求，顶面为轻钢龙骨纸面石膏板不上人顶棚，装饰面层为耐擦洗涂料。但竣工验收后三个月，顶面局部产生凸凹不平和石膏板接缝处产生裂缝现象。

问题：

结合实际，分析该装饰工程顶棚面局部产生凹凸不平的原因及板缝开裂原因。

分析与解答：

（1）工程为改造工程，原混凝土顶棚内未设置预埋件和预埋吊杆，因此需重新设置锚固件以固定吊杆，后置锚固件安装时，特别是选择用的胀管螺栓安装不牢固，若选用射钉可能遇到石子，石子发生爆裂，使射钉不能与屋盖相连接，产生不受力现象，因此局部下坠。

（2）不上人顶棚的吊杆应选用 $\phi 6$ 钢筋，并应经过拉伸，施工时，若不按要求施工，将未经拉伸的钢筋作为吊杆，当龙骨和饰面板涂料施工完毕后，吊杆的受力产生不均匀现象。

（3）吊点间距的设置，可能未按规范要求施工，没有满足不大于 1.2m 的要求，特别是遇到设备时，没有增设吊杆或调整吊杆的构造，是产生顶面凹凸不平的关键原因之一。

（4）顶棚骨架安装时，主龙骨的吊挂件、连接件的安装可能不牢固，连接件没有错位安装，副龙骨安装时未能紧贴主龙骨，副龙骨的安装间距大于 600mm，这些都是产生顶棚面质量问题的原因。

（5）骨架施工完毕后，隐蔽检查验收不认真。

（6）骨架安装后安装纸面石膏板，板材安装前，特别是切割边对接处横撑龙骨的安装不符合要求，这也是造成板缝开裂的主要原因之一。

（7）由于后置锚固件、吊杆、主龙骨、副龙骨安装都各有不同难度的质量问题，板材安装尽管符合规范规定，但局部骨架产生垂直方向位移，必定带动板材发生变动。发生质量问题是必然的。

【案例 12-2】

背景：

某业主投资对某宾馆客房进行改造，施工内容包括：墙面壁纸、软包、地面地毯、木门窗更换。高档客房内有多宝格、冰凌隔断、门套、仿古窗棂等装饰和配套机电改造。质量标准为达到《建筑装饰装修工程质量验收标准》GB 50210—2018 合格标准。业主与一家施工单位签订了施工合同。工程开始后，甲方代表提出如下要求：

(1) 除甲方指定材料外，壁纸、软包布、地毯必须待甲方确认样品后方可采购和使用。

(2) 因宾馆是五星级，所以对工程中所用的各种软包布、衬板、填充料、地毯、壁纸、边柜材料必须进行环保和消防检测，对其燃烧性能和有害物质含量进行复试，合格才能用于工程。

(3) 为保证木材不变形，木材含水率要小于 8%。

(4) 壁纸的种类、规格、图案、颜色和燃烧性能等级必须符合设计要求及国家现行标准的有关规定。

(5) 裱糊工程必须达到拼接横平竖直，拼接处花纹、图案吻合，不离缝，不搭接，不显拼缝。

该项工程所需的 260 樘木门是由业主负责供货，木门运达施工单位工地仓库，并经入库验收。在施工过程中，发现有 10 个木门有较大变形，监理工程师随即下令施工单位拆除，经检查原因属于木门使用材料不符合要求。

该工程所需的空调是由业主供货的，由施工单位选择的分包商将集中空调安装完毕，进行联动无负荷试验时，需电力部门和施工单位及有关外部单位进行某些配合工作。试车检验结果表明，该集中空调设备的某些主要部件存在严重质量问题，需要更换。

问题：

(1) 裱糊前，基层处理质量应达到什么要求？

(2) 甲方代表所提要求是否合理？

(3) 针对本工程，请描述一下对细部工程的质量要求。

分析与解答：

(1) 裱糊前，基层处理质量应达到下列要求：

1) 新建筑物的混凝土或抹灰基层墙面在刮腻子前应涂刷抗碱封闭底漆。

2) 旧墙面在裱糊前应清除疏松的旧装修层，并涂刷界面剂。

3) 混凝土或抹灰基层含水率不得大于 8%；木材基层的含水率不得大于 12%。

4) 基层腻子应平整、坚实、牢固、无粉化、起皮和裂缝；腻子的粘结强度应符合《建筑室内用腻子》JG/T 298—2010 的规定。

5) 基层表面平整度、立面垂直度及阴阳角方正应达到高级抹灰规范的要求。

6) 基层表面颜色应一致。

7) 裱糊前应用封闭底胶涂刷基层。

(2) 个别不合理。

1) 只需对人造板材进行甲醛释放量进场复试，其他软包布、填充料、地毯、壁纸只需提供检测报告，符合《建筑装饰装修工程质量验收标准》GB 50210—2018 即可。

2）对软包布、填充料、地毯、壁纸要采用阻燃材料，并提供其燃烧性能检测报告。

3）木材含水率小于 12%。

（3）细部工程施工的主要质量标准如下：

1）装饰线条安装优美流畅，接头不明显、无色差、纹理吻合。

2）花饰制作与安装，如多宝格、冰凌隔断、门套、防古窗棂，制作细致，安装严密无错位，端正无歪斜，无翘曲破损现象，无刨痕，锤印表面洁净，花纹一致。

十三、进行装饰装修工程质量检查、验收、评定

（一）专业技能概述

1. 装饰装修工程中的分项工程、检验批

（1）装饰装修工程分项工程划分

分项工程是分部工程的组成部分或细分，它是通过较为简单的施工过程就能完成并可用适当计量单位就可以计算其工程量的基本单元。一般按照选用的施工方法、所使用的材料、结构构件规格等不同因素划分施工分项。

《建筑装饰装修工程质量验收标准》GB 50210—2018 将装饰装修工程分为 12 项子分部 44 个分项，分别为：抹灰工程、外墙防水工程、门窗工程、吊顶工程、轻质隔墙工程、饰面板工程、饰面砖工程、幕墙工程、涂饰工程、裱糊与软包工程、细部工程和建筑地面工程。在每个子分部工程中又有多个分项工程。如，抹灰工程分为：一般抹灰，保温层薄抹灰，装饰抹灰，清水砌体勾缝；门窗工程分为：木门窗安装，金属门窗安装，塑料门窗安装，特种门安装，门窗玻璃安装。详见表 13-1。

建筑装饰装修工程的子分部工程、分项工程划分　　　　表 13-1

项次	子分部工程	分项工程
1	抹灰工程	一般抹灰，保温层薄抹灰，装饰抹灰，清水砌体勾缝
2	外墙防水工程	外墙砂浆防水，涂膜防水，透气膜防水
3	门窗工程	木门窗安装，金属门窗安装，塑料门窗安装，特种门安装，门窗玻璃安装
4	吊顶工程	整体面层吊顶，板块面层吊顶，格栅吊顶
5	轻质隔墙工程	板材隔墙，骨架隔墙，活动隔墙，玻璃隔墙
6	饰面板工程	石板安装、陶瓷板安装、木板安装、金属板安装、塑料板安装
7	饰面砖工程	外墙饰面砖粘贴，内墙饰面砖粘贴
8	幕墙工程	玻璃幕墙安装、金属幕墙安装、石材幕墙安装、陶板幕墙安装
9	涂饰工程	水性涂料涂饰，溶剂型涂料涂饰，美术涂饰
10	裱糊与软包工程	裱糊，软包
11	细部工程	橱柜制作与安装，窗帘盒和窗台板制作与安装，门窗套制作与安装，护栏和扶手制作与安装，花饰制作与安装
12	建筑地面工程	基层，整体面层，板块面层，竹木面层

（2）装饰装修工程检验批的划分

检验批是按同一生产条件或按规定的方式汇总起来供检验用，由一定数量样本组成

的检验体，是施工过程中条件相同并有一定数量的材料、构配件或安装项目。如果一个分项工程需要验评多次，那么每一次验评就叫一个检验批。每个检验批的检验部位必须完全相同。检验批只做检验，不作评定。检验批是工程质量验收的基本单元（最小单位）。

1) 建筑地面的各分项工程的检验批应按下列规定划分：基层（各构造层）和各类面层的分项工程的施工质量验收应按每一层或每层施工段（或变形缝）划分检验批，高层建筑的标准层可按每三层（不足三层按三层计）划分检验批；每检验批应以各子分部工程的基层（各构造层）和各类面层所划分的分项工程按自然间（或标准间）检验，抽查数量应随机检验不应少于3间；不足3间，应全数检查；其中走廊（过道）应以10延长米为1间，工业厂房（按单跨计）、礼堂、门厅应以两个轴线为1间计算；有防水要求的建筑地面子分部工程的分项工程施工质量每检验批抽查数量应按其房间总数随机检验不应少于4间，不足4间的应全数检查。

2) 外墙防水工程的各分项工程的检验批应按下列规定划分：相同材料、工艺和施工条件的外墙防水工程每1000m^2应划分为一个检验批，不足1000m^2时，也应划分为一个检验批。

3) 抹灰工程的各分项工程的检验批应按下列规定划分：相同材料、工艺和施工条件的室外抹灰工程每1000m^2应划分为一个检验批，不足1000m^2也应划分为一个检验批。相同材料、工艺和施工条件的室内抹灰工程每50个自然间应划分为一个检验批，不足50间也应划分为一个检验批，大面积房间和走廊按抹灰面积30m^2计为1间。

4) 门窗工程的各分项工程的检验批应按下列规定划分：同一品种、类型和规格的木门窗、金属门窗、塑料门窗及门窗玻璃每100樘应划分为一个检验批，不足100樘也应划分为一个检验批。同一品种、类型和规格的特种门每50樘应划分为一个检验批，不足50樘也应划分为一个检验批。

5) 吊顶工程的各分项工程的检验批应按下列规定划分：同一品种的吊顶工程每50间划分为一个检验批，不足50间也应划分为一个检验批，大面积房间和走廊按吊顶面积每30m^2计为1间。

6) 轻质隔墙工程的各分项工程的检验批应按下列规定划分：同一品种的轻质隔墙工程每50间应划分为一个检验批，不足50间也应划分为一个检验批，大面积房间和走廊可按轻质隔墙面积每30m^2计为一间。

7) 饰面板（砖）工程的各分项工程的检验批应按下列规定划分：相同材料、工艺和施工条件的室内饰面板（砖）工程每50间应划分为一个检验批，不足50间也应划分为一个检验批。大面积房间和走廊按饰面板（砖）面积每30m^2计为1间。相同材料、工艺和施工条件的室外饰面板（砖）工程每1000m^2划分为一个检验批，不足1000m^2也应划分为一个检验批。

8) 幕墙工程的各分项工程的检验批应按下列规定划分：相同设计、材料、工艺和施工条件的幕墙工程每1000m^2应划分为一个检验批，不足1000m^2也应划分为一个检验批。同一单位工程的不连续的幕墙工程应单独划分检验批。对于异型或有特殊要求的幕墙，检验批的划分应根据幕墙的结构、工艺特点及幕墙工程规模，由监理单位（或建设单位）和施工单位协商确定。

9）涂饰工程的各分项工程的检验批应按下列规定划分：室外涂饰工程每一栋楼的同类涂料涂饰的墙面每 1000m² 应划分为一个检验批，不足 1000m² 也应划分为一个检验批。室内涂饰工程同类涂料涂饰的墙面每 50 间划分为一个检验批，不足 50 间也应划分为一个检验批，大面积房间和走廊按涂饰面积每 30m² 计为 1 间。

10）裱糊或软包工程的各分项工程的检验批应按下列规定划分：同一品种的裱糊或软包工程每 50 间应划分为一个检验批，不足 50 间也应划分为一个检验批，大面积房间和走廊按裱糊或软包面积 30m² 为一间。

11）细部工程的各分项工程的检验批应按下列规定划分：同类制品每 50 间（处）应划分为一个检验批，不足 50 间（处）也应划分为一个检验批。每部楼梯应划分为一个检验批。

根据《建筑工程施工质量验收统一标准》GB 50300—2013，建筑工程施工质量验收应划分为单位工程、分部工程、分项工程和检验批。

2. 建筑工程施工质量验收要求

（1）工程质量验收均应在施工单位自检合格的基础上进行；

（2）参加工程施工质量验收的各方人员应具备相应的资格；

（3）检验批的质量应按主控项目和一般项目验收；

（4）对涉及结构安全、节能、环境保护和主要使用功能的试块、试件及材料，应在进场时或施工中按规定进行见证取样和检验；

（5）隐蔽工程在隐蔽前应由施工单位通知监理单位进行验收，并应形成验收文件，验收合格后方可继续施工；

（6）对涉及结构安全、节能、环境保护和使用功能的重要分部工程，应在验收前按规定进行抽样检验；

（7）工程的观感质量应由验收人员现场检查，并应共同确认。

建筑装饰工程施工质量验收合格应符合设计文件的要求，符合《建筑工程施工质量评价标准》GB/T 50375—2016 和《建筑装饰装修工程质量验收标准》GB 50210—2018 相关专业验收规范的规定。

（二）工程案例分析

【案例 13-1】

背景：

某既有综合楼进行重新装饰装修，该工程共 9 层，层高 3.6m，每层建筑面积 1200m²，施工内容包括：原有装饰装修工程拆除、新建筑地面、抹灰、门窗、顶棚、轻质隔墙、饰面板（砖）、幕墙、涂饰、裱糊与软包、细部工程施工等。

问题：

（1）抹灰施工应做好哪些工序的交接检验？抹灰工程应检查哪些质量控制资料？

（2）建筑地面工程检验方法有哪些？

（3）试述一般抹灰分项工程质量验收合格的规定是什么？

分析与解答：

(1) 工序的交接检验，检查质量控制资料，应包括以下内容：

1) 抹灰施工应做好以下工序的交接检验：抹灰前基层处理；抹灰总厚度大于或等于35mm时的加强措施；不同材料基体交接处的加强措施；

2) 抹灰工程应检查的质量控制资料有：抹灰工程的施工图、设计说明及其他设计文件；材料的产品合格证书、性能检测报告、进场验收记录和复验报告；隐藏工程验收记录；施工记录。

(2) 检验方法应符合下列规定：

1) 检查允许偏差应采用钢尺、2m靠尺、楔形塞尺、坡度尺和水准仪；

2) 检查空鼓应采用敲击的方法；

3) 检查有防水要求建筑地面的基层（各构造层）和面层，应采用泼水或蓄水方法，蓄水时间不得少于24h；

4) 检查各类面层（含不需铺设部分或局部面层）表面的裂纹、脱皮、麻面和起砂等缺陷，应采用观感的方法。

(3) 分项工程质量验收合格应符合下列规定：

1) 所含检验批的质量均应验收合格；

2) 所含检验批的质量验收记录应完整。

【案例 13-2】

背景：

某机关办公楼会议室需进行装饰装修，该办公室层高4.5m，顶棚高度2.6m。装饰设计要求采用轻钢龙骨双层石膏板顶棚，局部人造饰面板造型顶棚，顶棚内含有电路管线。施工中对人造饰面板的内、外表面以及相应木龙骨涂覆了一级饰面型防火涂料。该办公楼共有会议室6间，每间面积约为240m²。会议室内安装多盏大型照明灯具。

问题：

(1) 办公室顶棚采用人造饰面板的燃烧性能等级应达到哪级？施工中采取的技术措施符合规范要求吗？

(2) 根据题意，请回答在顶棚工程中应对哪些隐蔽工程项目进行验收？

(3) 本工程中顶棚上安装灯具应注意哪些问题？

(4) 顶棚工程划分检验批应符合哪些规定？

分析与解答：

(1) 人造饰面板的燃烧性能等级应达到 B_1 级，所采用的技术措施应符合《建筑内部装修设计防火规范》GB 50222—2017 要求。

(2) 顶棚工程应对下列隐蔽工程项目进行验收：

1) 顶棚内管道、设备的安装及水压试验。

2) 木龙骨防火、防腐处理。

3) 预埋件或拉结筋。

4) 吊杆安装。

5) 龙骨安装。

6) 填充材料的设置。

（3）顶棚工程中照明灯具的安装要求：轻型灯具应吊在主龙骨或附加龙骨上，重型灯具严禁安装在顶棚工程的龙骨上。

（4）同一品种的顶棚工程每 50 间（大面积房间和走廊按顶棚面积 30m² 为一间）应划分为一个检验批，不足 50 间也应划分为一个检验批。

【案例 13-3】

背景：

某金融大厦，施工总承包单位是该市第一建筑公司，二至十二层室内走廊采用天然大理石饰面，走廊净高 2.8m，走廊净高范围内墙面面积 800m²/层，采用传统湿作业法施工。外幕墙工程专业分包给市装饰公司。在施工验收过程中发生了如下事件：

事件一：大理石饰面每层划分为一个检验批，共 11 个检验批。检验批验收时应至少抽查 50m²。

事件二：东立面幕墙的节点，施工队未及时通知有关单位验收就进行隐蔽，监理工程师要求重新检验。

事件三：幕墙检验批的划分：南北立面各为明框玻璃幕墙，因尺寸、规格完全相同，合并为一个检验批；隐框幕墙和半隐框玻璃幕墙，合并为一个检验批；金属幕墙和石材幕墙合并为一个检验批。

问题：

（1）事件一中检验批的划分和抽检数量是否正确？说明理由。

（2）事件二中监理工程师要求对未经验收的隐蔽工程重新检验是否合理？一般幕墙工程应对哪些隐蔽工程项目进行验收？

（3）事件三中检验批划分是否符合规定？请简述理由。

（4）该幕墙分包工程验收的程序和组织是什么？

分析与解答：

（1）检验批的划分正确。理由：相同材料、工艺和施工条件的室内饰面板（砖）工程每 50 间（大面积房间和走廊按施工面积 30m² 为一间）应划分为一个检验批，不足 50 间也应划分为一个检验批。本工程中走廊净高范围内墙面面积 800m²/层，应该划分为一个检验批，二至十二层共 11 层，即 11 个检验批。

抽检数量不正确。理由是室内每个检验批应至少抽查 10%，并不得少于 3 间，即 80m²。

（2）合理。一般幕墙工程应进行隐蔽工程验收的项目：预埋件、构件与主体结构的连接、幕墙四周封堵、变形缝、隐框玻璃板块固定、防雷、防火等节点。

（3）不符合规定。理由：南北幕墙不是连续的，不能合并为一个检验批；隐框幕墙与半隐框幕墙、金属幕墙与石材幕墙的设计、材料、工艺都不同，不能合并为一个检验批。

（4）应按《建筑工程施工质量验收统一标准》GB 50300—2013 规定的程序和组织检查评定，总包单位第一建筑公司应派人参加。分包的幕墙工程完成后，装饰公司将工程有关资料交总包单位第一建筑公司，待建设单位组织单位工程质量验收时，第一建筑公司和装饰公司单位负责人参加验收。

【案例 13-4】

背景：

某办公楼室内外装饰装修工程施工，在各个施工阶段项目部对以下项目进行了验收：

(1) 轻质隔墙工程在墙面板安装前对隔墙内的所有安装管线、设备和轻钢龙骨等会同有关单位进行了隐蔽工程验收，但对部分造型木龙骨的防火涂料未通知消防管理部门进行验收，墙面板安装后，消防部门要求拆除部分墙面板进行检查。

(2) 木门窗、铝合金门窗、全玻门、防火门安装，按照同一品种、类型和规格，每100樘划分为一个检验批进行验收。

(3) 规范规定隐框玻璃幕墙工程的表面平整度允许偏差为2mm，在检验批验收时，甲、乙两个检验批各抽查的100个样本点，甲检验批90%合格，不合格点中最大的偏差为3.5mm；乙检验批82%合格，不合格点的偏差均未超出2.8mm。

(4) 工程完工后2d，施工单位受建设单位的委托，请有资质的检测单位对室内环境进行了检测。

问题：

(1) 消防部门的要求是否合理？为什么？

(2) 指出门窗安装检验批验收划分的错误之处，并说明正确的划分方法。

(3) 分别判定甲、乙两个检验批是否合格，并说明理由。

(4) 轻质隔墙按构造方式和所用材料的种类不同可分为哪几种类型？石膏板属于哪种轻质隔墙？

分析与解答：

(1) 合理。因为施工单位在隔墙隐蔽前必须通知有关单位参加隐蔽工程验收。

(2) 木门窗、铝合金门窗检验批划分正确；全玻门、防火门属于特种门，同一品种、类型和规格每50樘应划分为一个检验批。

(3) 甲检验批不合格，因为它的抽查样本的偏差超过了允许偏差的1.5倍；乙检验批合格，因为它的抽查样本80%以上符合规范要求，其超出允许偏差的样本，偏差值均未超过允许偏差的1.5倍，故可判定为合格。

(4) 轻质隔墙按构造方式和所用材料的种类不同可分为板材隔墙、骨架隔墙、活动隔墙、玻璃隔墙四种类型。

石膏板属于骨架隔墙。

【案例13-5】

背景：

某建筑装饰装修工程，业主与承包商签订的施工合同协议条款约定如下：

(1) 工程概况：该工程现浇混凝土框架结构，18层，建筑面积110000m²，平面呈"L"形，在平面变形处设有一道变形缝，结构工程于2019年6月28日已验收合格。

(2) 施工范围：首层到18层的公共部分，包括各层电梯厅、卫生间、首层大堂等的建筑装饰装修工程，建筑装饰装修工程建筑面积13000m²。

(3) 质量等级：合格。

(4) 工期：2019年7月6日开工，2019年12月28日竣工。

开工前，建筑工程专业建造师（担任项目经理，下同）主持编制施工组织设计时，拟定的施工方案以变形缝为界，分两个施工段施工，并制定了详细的施工质量检验计划，明确了分部（子分部）工程、分项工程的检查点。其中，第三层铝合金门窗工程的检查点为2019年9月16日。

问题：

（1）按照《建筑工程施工质量验收统一标准》GB 50300—2013，该建筑装饰装修工程的分项工程应如何划分检验批？

（2）第三层门窗工程2019年9月16日如期安装完成，专业建造师安排由资料员填写质量验收记录，项目专业质量检查员代表企业参加验收，并签署检查评定结果，项目专业质量检查员签署的检查评定结果为合格。请问该建造师的安排是否妥当？质检员如何判定门窗工程检验批是否合格？

（3）2019年10月22日铝合金窗安装全部完工，建筑工程专业建造师安排由项目专业质量检查员参加验收，并记录检查结果，签署检查评价结论。请问该建造师的安排是否妥当？如何判定铝合金窗安装工程是否合格？

（4）2019年12月28日工程如期竣工，建筑工程专业建造师应如何选择验收方案，如何确定该工程是否具备竣工验收条件？单位工程观感质量如何评定？

（5）综合以上问题，按照过程控制方法，建筑装饰装修工程质量验收有哪些过程？

分析与解答：

（1）检验批可根据施工、质量控制和专业验收的需要，按工程量、楼层、施工段、变形缝进行划分。建筑装饰装修工程一般按楼层划分检验批。

（2）建筑工程专业建造师的安排不妥当。检验批的质量验收记录由施工项目专业质量检查员填写。

项目专业质量检查员判定第三层门窗工程安装检验批合格时应符合下列规定：

1）具有完整的质量控制资料（文件和记录）：具有完整的施工操作依据、质量检查记录。

2）主控项目的质量经抽样检查合格：抽查样本均应符合《建筑装饰装修工程质量验收标准》GB 50210—2018 "6 门窗工程" 子分部中相应分项工程的主控项目的规定。

3）一般项目质量经抽样检查合格：抽查样本的80%以上应符合《建筑装饰装修工程质量验收标准》GB 50210—2018 "6 门窗工程" 子分部中相应分项工程的一般项目的规定。其余样本不得有影响使用功能或明显影响装饰效果的缺陷，其中有允许偏差的检验项目，其最大偏差不得超过规定允许偏差的1.5倍。

（3）建筑工程专业建造师的安排不妥当。分项工程的质量验收应由项目专业技术负责人负责。分项工程验收记录的表头及检验批部位、区段、施工单位检查评定结果，由项目专业质量检查员填写，由项目专业技术负责人检查后给出评价并签字，交监理单位或建设单位验收。

铝合金窗安装工程质量验收合格应符合下列规定：

1）所含检验批的质量均应验收合格；

2）所含检验批的质量验收记录应完整。

（4）建筑工程专业建造师应选择将该工程作为单位工程验收的方案。因为，当建筑工程只有装饰装修分部工程时，该工程应作为单位工程验收。

该工程竣工验收应当具备五项条件：

1）完成工程设计和合同约定的各项内容；

2）有完整的技术档案和施工管理资料；

3）有工程使用的主要建筑材料、建筑构配件和设备的进场试验报告；
4）有设计、施工、工程监理等单位分别签署的质量合格文件；
5）有施工单位签署的工程保修书。

观感质量验收是经过现场对工程的检查，由检查人员共同确定评价，分为分部（子分部）工程观感质量验收和单位工程观感质量验收。

观感质量检查标准没有具体化，基本上是各检验批的验收项目，多数在一般项目内。观感质量检查往往难以定量，只能以观察、触摸或简单量测的方式进行，并根据各个人的主观印象判断，由检查评价人员宏观掌握。检查结果并不给出"合格"或"不合格"的结论，而是综合给出质量评价：好、一般、差。如果没有明显达不到要求的，就可以评价为"一般"；如果某些部位质量较好，细部处理到位，就可评为"好"；如果有的部位达不到要求，或有明显的缺陷，但不影响安全和使用功能的，则评为"差"。对于评为"差"的检查点应通过返修处理，不能返修的只要不影响安全和使用功能的可以验收；有影响安全和使用功能的项目，不能评价，应返工后再评价。

（5）工程质量验收分为过程验收和竣工验收。过程验收包括：隐藏工程验收，分项、分部（子分部）工程验收。

十四、识别质量缺陷,进行分析和处理

(一)专业技能概述

1. 施工质量问题的分类与识别

建设工程质量问题通常分为工程质量缺陷、工程质量通病、工程质量事故三类。

(1)工程质量缺陷

工程质量缺陷是指建筑工程施工质量中不符合规定要求的检验项或检验点,按其程度可分为严重缺陷和一般缺陷。

(2)工程质量通病

工程质量通病是指各类影响工程结构、使用功能和外形观感的常见性质量损伤。犹如"多发病"一样,故称质量通病。

(3)工程质量事故

工程质量事故是指对工程结构安全、使用功能和外形观感影响较大、损失较大的质量损伤。

2. 形成质量问题的原因分析

建筑装饰装修工程施工质量问题产生的原因是多方面的,其施工质量缺陷原因分析应针对影响施工质量的五大要素(4M1E:人、机械、材料、施工方法、环境条件),运用排列图、因果图、调查表、分层法、直方图、控制图、散布图、关系图法等统计方法进行分析,确定建筑装饰装修工程施工质量问题产生的原因。主要原因有五方面:

(1)企业缺乏施工技术标准和施工工艺规程。

(2)施工人员素质参差不齐,缺乏基本理论知识和实践知识,不了解施工验收规范。质量控制关键岗位人员缺位。

(3)对施工过程控制不到位,未做到施工按工艺、操作按规程、检查按规范标准,对分项工程施工质量检验批的检查评定流于形式,缺乏实测实量。

(4)工业化程度低。

(5)违背客观规律,盲目缩短工期和抢工期,盲目降低成本等。

3. 质量问题的处理方法

及时纠正:一般情况下,建筑装饰装修工程施工质量问题出现在工程验收的最小单位——检验批,施工过程中应早发现,并针对具体情况,制定纠正措施,及时采用返工、有资质的检测单位检测鉴定、返修或加固处理等方法进行纠正;通过返修或加固处理仍不能满足安全使用要求的分部工程、单位(子单位)工程严禁验收。

合理预防：担任项目经理的建筑工程专业建造师在主持施工组织设计时，应针对工程特点和施工管理能力，制定装饰装修工程常见质量问题的预防措施。

4. 专业技能要求

通过学习和训练，能够分析和判断施工质量的类别、原因和责任。

（二）工程案例分析

1. 识别室内防水工程的质量缺陷并能分析处理

【案例 14-1】

背景：

某住宅小区安置工程，剪力墙结构十一层。卫生间楼板现浇钢筋混凝土，交付使用不久，部分住户反映卫生间顶棚漏水。

问题：

（1）试分析顶棚渗漏原因。

（2）如何预防卫生间顶棚漏水？

分析与解答：

（1）渗漏原因

1）防水层质量不合格，如找平层质量不合格和未修补基层、认真清扫找平层，造成防水层起泡、剥离。

2）防水层遭破坏。

（2）预防措施

1）控制找平层质量。找平层和基层组成卫生间防水的最后一道防线，按《住宅室内防水工程技术规范》JGJ 298—2013，有防水要求的厕、浴、厨房间在未施工防水前都必须全部进行蓄水检验，蓄水时间不少于24h，蓄水高度不小于50mm。找平层表面应抹平压光、坚实平整，不起砂。

2）涂膜防水层做完之后。要严格加以保护，在保护层未做之前，任何人员不得进入，也不得在卫生间内堆积杂物，以免损坏防水层。

3）防水层施工后，进行蓄水试验。蓄水深度必须高于标准地面20mm，24h 不渗漏为止，如有渗漏现象，可根据渗漏具体部位进行修补，甚至全部返工。防水工程作为地面子分部工程的一个分项工程，监理公司应对其作专项验收。未进行验收或未通过验收的不得进入下道工序施工，更不得进入竣工验收。

2. 识别抹灰工程常见的质量缺陷并能分析处理

【案例 14-2】

背景：

某钢筋混凝土框架结构的建筑，内隔墙采用加气混凝土砌块，在设计无要求的情况下，其抹灰工程均采用了石灰砂浆抹灰，内墙的普通抹灰厚度控制在25mm，外墙抹灰厚度控制在 40mm，窗台下的滴水槽的宽度和深度均不小于 10mm。

问题：

（1）在上述的描述中，有哪些错误，并做出正确的回答。

（2）设计无要求时，护角做法有何技术要求？

分析与解答：

（1）错误之处

1）加气混凝土砌块墙应采用水泥混合砂浆或聚合物水泥砂浆。

2）外墙抹灰的厚度大于或等于 35mm 时，应采取加强措施。

（2）护角做法

室内墙面、柱面和门洞口的阳角应用 1：2 水泥砂浆做暗护角，其高度不应低于 2m，每侧宽度不应小于 50mm。

【案例 14-3】

背景：

某高等院校要对学生餐厅进行装修改造，该工程的主要施工项目包括：拆除非承重墙体、内墙抹灰、顶棚、墙面涂料、地面砖铺设、更换旧门窗等。某装饰工程公司承接了该项工程的施工，并对抹灰工程质量进行重点监控，为了保证抹灰工程的施工质量，制定了措施，其中包括：

（1）抹灰用的石灰膏的熟化期不应小于 14d，罩面用的磨细石灰粉的熟化期不应小于 2d。

（2）抹灰前的基层处理要符合要求。

（3）抹灰施工应分层进行，当抹灰总厚度大于或等于 40mm 时，应采取加强措施。

（4）有排水要求的部位应做滴水线（槽），滴水线（槽）应整齐顺直，外高内低，滴水线、滴水槽的宽度应不小于 5mm。

问题：

（1）指出以上抹灰施工质量保证措施错误的地方。

（2）抹灰工程中需对哪些材料进行复验，复验项目有哪些？

分析与解答：

（1）错误之处

1）抹灰用的石灰膏的熟化期不应小于 15d，罩面用的磨细石灰粉的熟化期不应小于 3d。

2）抹灰工程应分层进行，当抹灰总厚度大于或等于 35mm 时，应采取加强措施。

3）抹灰前基层的处理应符合规范的规定。

4）滴水线应内高外低，滴水槽的宽度和深度均不应小于 10mm。

（2）一般抹灰和装饰抹灰工程所用材料的品种和性能应符合设计要求。水泥的凝结时间和安定性复验应合格，砂浆的配合比应符合设计要求。

3. 识别门窗工程安装中的质量缺陷并能分析处理

【案例 14-4】

背景：

某商品住宅小区 1 号楼装修工程完成后，在监理工程师组织的预验收中，发现部分门窗框有不正、松动现象。监理工程师要求施工单位限期整改，待整改完成后重新验收。

问题：

(1) 门窗框不正由哪些原因造成？如何预防？

(2) 简述门窗框松动原因及其处理措施。

(3) 规范中，验收过程中建筑工程质量不符合要求时，应如何处理？

分析与处理：

(1) 门窗框不正

1) 原因分析：框在安装的过程中卡放不准，框的两个对角线有长短，造成框不方正。

2) 预防措施：安装时使用木楔临时固定好，测量并调整对角线达到一样长，然后用铁脚固定牢固。

(2) 门窗框松动原因及其处理措施

1) 门窗框松动原因分析

① 安装锚固铁脚间距过大。

② 锚固铁脚所采用的材料过薄，四周边嵌填材料不正确。

③ 锚固的方法不正确。

2) 处理措施

① 门窗应预留洞口，框边的固定片位置距离角、中竖框、中横框 150～200mm，固定片之间距离小于或等于 600mm，固定片的安装位置应与铰链位置一致。门窗框周边与墙体连接件用的木螺钉需要穿过增强型材，以保证门窗的整体稳定性。

② 框与混凝土洞口应采用电锤在墙上打孔装入尼龙膨胀管，当门窗安装校正后，用木螺钉将镀锌连接件固定在膨胀管内，或采用射钉固定。

③ 当门窗框周边是砖墙或轻质墙时，砌墙时可砌入混凝土预制块以便与连接件连接。

④ 推广使用聚氨酯发泡剂填充料（但不得用含沥青的软质材料，以免 PVC 腐蚀）。

⑤ 锚固铁脚的间距不得大于 500mm，铁脚必须经过防腐处理。

⑥ 锚固铁脚所采用的材料厚度不低于 1.5mm，宽度不得小于 25mm。

⑦ 根据不同的墙体材料采用不同的锚固办法，砖墙上不得采用射钉锚固，多孔砖不得采用膨胀螺栓锚固。

(3)《建筑工程施工质量验收统一标准》GB 50300—2013 规定，当建筑工程质量不符合要求时，应按下列规定进行处理：

1) 经返工或返修的检验批应重新进行检验。

2) 经有资质的检测机构检测鉴定能够达到设计要求的检验批，应予以验收。

3) 经有资质的检测机构检测鉴定达不到设计要求、但经原设计单位核算认可能够满足安全和使用功能的检验批，可予以验收。

4) 经返修或加固处理的分项、分部工程，满足安全及使用功能要求时，可按技术处理方案和协商文件进行验收。

5) 通过返修或加固处理仍不能满足安全使用要求的分部工程、单位（子单位）工程，严禁验收。

4. 识别顶棚安装工程的质量缺陷并能分析处理

【案例 14-5】

背景：

某单位家属楼为 20 世纪 80 年代建筑，为了改善职工生活条件，现单位出资对家属楼进行改造，内容主要有地面的防水、门窗的更换和顶棚新做。

问题：

（1）室内防水工程蓄水试验要求。

（2）顶棚工程施工前准备工作有哪些？

（3）简述暗龙骨顶棚工程施工质量控制要点。

分析与解答：

（1）室内防水工程蓄水试验的要求

室内防水层完工后应做 24h 蓄水试验，蓄水深度 30～50mm，合格后办理隐蔽检查手续；室内防水层上的饰面层完工后应做第二次 24h 蓄水试验（要求同上），以最终无渗漏时为合格，合格后方可办理验收手续。

（2）顶棚工程施工前准备工作

1）安装龙骨前，应按设计要求对房间净高、洞口标高和顶棚管道、设备及其支架的标高进行交接检验。

2）顶棚工程的木吊杆、木龙骨和木饰面板必须进行防火处理，并应符合有关防火设计的规定。

3）顶棚工程中的预埋件、钢筋吊杆和型钢吊杆进行防锈处理。

4）安装面板前应完成顶棚内管道和设备的调试及验收。

（3）暗龙骨顶棚工程施工质量控制要点

1）顶棚标高、尺寸、起拱和造型应符合设计要求。

2）饰面材料的材质、品种、规格、图案和颜色应符合设计要求。

3）暗龙骨顶棚工程的吊杆、龙骨和饰面材料的安装必须牢固。

4）吊杆、龙骨的材质、规格、安装间距及连接方式应符合设计要求。金属吊杆、龙骨应经过表面防锈处理，木吊杆、龙骨应进行防腐、防火处理。

5）石膏板的接缝应按其施工工艺标准进行板缝防裂处理。安装双层石膏板时，面层板与基层板的接缝应错开，并不得在同一根龙骨上接缝。

6）饰面材料表面应洁净、色泽一致，不得有翘曲、裂缝及缺损。压条应平直、宽窄一致。

7）饰面板上的灯具、烟感探测器、喷淋头、风口篦子等设备的位置应合理、美观，与饰面板的交接应吻合、严密。

8）金属吊杆、龙骨的接缝应均匀一致，角缝应吻合，表面应平整，无翘曲、锤印。木质吊杆、龙骨应顺直，无劈裂、变形。

9）顶棚内填充吸声材料的品种和铺设厚度应符合设计要求，并应有防散落措施。

5. 识别饰面板（砖）工程中的质量缺陷并能分析处理

【案例 14-6】

背景：

某学校对旧教学楼进行外墙和地面改造，外墙采用饰面砖，地面采用地板砖面层，基层原为混凝土基层。

问题：

（1）饰面砖粘贴工程施工质量控制要点有哪些？

（2）板块楼地面施工验收中的主控项目有哪些？

分析与解答：

（1）饰面砖粘贴工程施工质量控制要点

1）饰面砖的品种、规格、图案、颜色和性能应符合设计要求。

2）饰面砖粘贴工程的找平、防水、粘结和勾缝材料及施工方法应符合设计要求及国家现行产品标准和工程技术标准的规定。

3）饰面砖粘贴必须牢固。

4）外墙饰面砖粘贴前和施工过程中，均应在相同基层上做样板件，并对样板件的饰面砖粘结强度进行检验，其检验方法和结果判定应符合《建筑工程饰面砖粘结强度检验标准》JGJ/T 110—2017 的规定。

5）满粘法施工的饰面砖工程应无空鼓、裂缝。

6）饰面砖表面应平整、洁净、色泽一致，无裂纹和缺损。

7）阴阳角处搭接方式、非整砖使用部位应符合设计要求。

8）墙面突出物周围的饰面砖应整砖套割吻合，边缘应整齐。墙裙、贴脸突出墙面的厚度应一致。

9）饰面砖接缝应平直、光滑，填嵌应连续、密实；宽度和深度应符合设计要求。

10）有排水要求的部位应做滴水线（槽）。滴水线（槽）应顺直，流水坡向应正确，坡度应符合设计要求。

（2）板块楼地面施工验收的主控项目

1）面层所用的板块的品种、质量必须符合设计要求。

2）面层与下一层的结合（粘结）应牢固，无空鼓。

注：凡单块砖边角有局部空鼓，且每自然间（标准间）不超过总数的 5% 可不计。

6. 识别涂饰工程中常见的质量缺陷并能分析处理

【案例 14-7】

背景：

某大学图书楼大厅墙面基层为水泥砂浆面，按设计要求，采用多彩内墙涂料饰面。该涂料的特点：涂层无接缝，整体性强，无卷边和霉变，耐油、耐水、耐擦洗，施工方便、效率高。涂饰前作了技术交底，并明确了验收要求。验收时发现如下缺陷：流挂、不均匀光泽、剥落、涂膜表面粗糙。

问题：

试分析产生上述各缺陷的原因。

分析与解答：

（1）挂流。喷涂太厚，尤其多发生在转角处。

（2）不均匀光泽。中涂层吸收面层涂料不均匀。

（3）剥落（呈壳状）。表面潮湿；基层强度低；用水过度稀释中涂料；中涂料没有充分干燥。

（4）表面粗糙。涂料用量不足。

7. 识别熟悉裱糊与软包工程中的质量缺陷并能分析处理

【案例 14-8】

背景：

某新建工程原定的竣工日期为 2021 年 1 月 10 日，由于多方面原因，竣工日期改为 2021 年 5 月 10 日。竣工交付使用后不久，陆续出现内外墙涂料大面积鼓泡。

问题：

（1）分析导致这种现象的原因。

（2）如何避免这种现象发生？

分析与解答：

（1）由于春天多雨、气候潮湿，空气湿度较大，基面含水率普遍较高，故出现内外墙涂料大面积鼓泡。

（2）防治措施

为保证按期完工，一般处理方法不能确保基面干燥的情况下，可考虑用风扇吹、射灯烤等方法，确保基面干燥。除此之外，还应该做到：

① 新建筑物的混凝土或抹灰基层在涂饰前应涂刷抗碱封闭底漆；

② 控制每遍涂膜厚度；

③ 底漆和面层涂料应配套；

④ 保证涂刷间隔时间，施涂及成膜时温度应在 5～35℃之间，避免雨期施工。

【案例 14-9】

背景：

华北地区某市别墅装修工程，外墙面使用贴面砖，一层勒脚部分使用台湾红石材（花岗岩染色石材）挂砌；内墙客厅使用壁纸（乙烯基）外贴；顶棚为木龙骨石膏板顶棚；卫生间做墙砖到顶。

问题：

交付使用后发现问题如下：

（1）外墙贴面砖成片脱落；

（2）半年后室外勒脚花岗岩严重脱色；

（3）室内客厅壁纸起鼓并多在拼接处开裂；

（4）石膏板顶棚产生局部泛黄，整体不平且顶棚反射光灯槽处发现烧糊痕迹；

（5）卫生间墙面渗水。

根据业主提出的问题,找到施工单位检查多项指标及检验单、隐蔽工程记录。

分析与解答:

(1) 外墙面采用釉面墙砖脱离的原因是:华北地区某城市的空气中碱成分太大,水泥砂浆与墙体(砖墙)的抹灰与结合层受到侵袭,产生碱化及化学作用,结合层酥裂导致面砖的粘结层破坏,因此大面积脱落。此种现象为原碱性的大环境所造成,因此应注意避免使用碱性大的结合物,而应采取使用抗碱性的聚合粘结物以避免此现象再发生。

(2) 台湾红石材色泽美观,但染色石材不宜放在室外,加之阳光照射及雨水冲刷会产生严重的脱色现象,解决的办法只有换掉,重挂其他石材。

(3) 客厅壁纸起鼓的原因是:业主急于赶工期,室内抹灰及最后一道腻子膏均未按规范养护工期时间干燥就铺贴壁纸,以致使水分集中,施工人员将水分从中间处赶至边缘,并且未再做补胶处理。因此产生边缝开裂。处理办法是将局部起翘部位揭下,重新补抹腻子膏,待完全干透后再补壁纸。

(4) 石膏板角部泛黄是因为钉眼部分未做防锈处理,螺栓锈蚀发黄产生锈斑,应将锈钉卸下用不锈钢钉将局部腻子膏补平解决。顶棚反光灯槽发生烧焦痕迹是因为安装灯具为白炽灯,且灯槽距灯距离太近,造成灯具烤焦灯槽。处理办法是换灯具为日光灯,将木板刷漆反光灯槽换成镜面不锈钢板,既解决防火问题,反光效果也更加突出。

(5) 卫生间墙面渗水将砖面剔掉,发现水管暗装,管口接头处发生连接件裂坏,造成漏水,经处理换接质量较好管件接头,并做防水处理(待干燥后),用防水砂浆做好结合层补救工作。

十五、参与调查、分析质量事故，提出处理意见

（一）专业技能概述

1. 提供质量事故调查处理的基础资料

处理工程质量事故，必须分析原因，作出正确的处理决策，这就要以充分、准确的有关资料作为决策的基础和依据，一般质量事故处理，必须具备以下资料：

(1) 与工程质量事故有关的施工图；

(2) 与工程施工有关的资料、记录；

例如，建筑材料的试验报告、各种中间产品的检验记录和试验报告，以及施工记录等。

(3) 事故调查分析报告。

一般包括以下内容：

1) 质量事故的情况；

2) 事故性质；

3) 事故原因；

4) 事故评估；

5) 事故涉及的人员与主要责任者的情况等。

(4) 设计单位、施工单位、监理单位和建设单位对事故处理的意见和要求。

2. 分析质量事故的原因

在事故调查的基础上，分清事故的性质、类别及其危害程度，为事故处理提供必要的依据。

(1) 确定事故原点：事故原点的状况往往反映出事故的直接原因；

(2) 正确区别同类型事故的不同原因：根据调查的情况，对事故进行认真、全面的分析，找出事故的根本原因；

(3) 注意事故原因的综合性：要全面估计各种因素对事故的影响，以便采取综合治理措施。

（二）工程案例分析

【案例 15-1】

背景：

某办公楼进行二次装修，该办公楼共 16 层，层高 4m，第 6 层以上为标准层，每层建

筑面积 1600m², 施工内容包括原有装饰装修工程拆除、新铺贴地面、抹灰、门窗、顶棚、轻质隔墙、饰面砖、墙面乳胶漆、裱糊与软包、细部工程施工等。在工程施工过程中发现地面空鼓率 70%、饰面砖脱落严重、墙面乳胶漆开裂较多等工程质量情况。

问题:

(1) 分析发生此质量问题的原因。

(2) 对于此质量问题如何采取防治措施？

分析与解答:

(1) 发生此质量问题的原因分析

1) 在工程施工过程中发现地面空鼓率 70% 的主要原因

① 基层清理不干净或浇水湿润不够，造成垫层和基层脱离。

② 垫层砂浆太稀或一次铺得太厚，收缩太大，易造成面砖与垫层空鼓。

③ 面砖背面浮灰未清刷净，又没浇水，影响粘结。

④ 铺面砖时操作不当，锤击不当。

2) 饰面砖脱落严重的主要原因

① 由于贴面砖的墙饰面层质量大，使底子灰与基层之间产生较大的剪应力，粘贴层与底子灰之间也有较小的剪应力，如果再加上基层表面偏差较大，基层处理或施工操作不当，各层之间的粘结强度又差，则面层会产生空鼓，甚至从建筑物上脱落。

② 砂浆配合比不准，稠度控制不好，砂子中含泥量过大，在同一施工面上，采用不同的配合比砂浆，引起不同的平缩率而开裂、空鼓。

③ 饰面层各层长期受大气温度的影响，由表面到基层的温度梯度和热胀冷缩，在各层间也会产生应力，引起空鼓；如果面砖粘贴砂浆不饱满，面砖勾缝不严实，雨水渗透进去后受冻膨胀，也易引起空鼓、脱落。

3) 墙面乳胶漆开裂较多的主要原因

① 基层抹灰层开裂，在刮腻子之前未对开裂抹灰层进行修复处理。

② 面层涂料的硬度过高，涂料养护过程中水分散发过快。

③ 旧墙面疏松的基层未做处理，未涂刷界面处理剂。

④ 乳胶漆基层刮腻子处理前未采用挂网工序。

(2) 对于此质量问题应采取的防治措施

1) 在工程施工过程中发现地面空鼓率 70% 的防治措施

① 基层必须清理干净，并充分浇水湿润，垫层砂浆应为干硬性砂浆；粘贴用的纯水泥浆应涂刷均匀，不得用扫浆法。

② 面砖背面必须清理干净，并刷水事先湿润，待表面稍晾干后方可铺设。

③ 当基层较低或过凹时，宜先用细石混凝土找平，再垫 1:4~1:3 干硬性水泥砂浆，厚度在 2.5~3cm 为宜。铺放面砖时，宜高出地面线 3~4mm，若砂浆铺得过厚，放上面砖后，砂浆底部不易砸实，也常常引起局部空鼓。

④ 做好初步试铺，并用橡皮锤敲击，既要达到铺设高度，也要使垫层砂浆平整密实。根据锤击的空实响声，搬起面砖，或增或减砂浆，再浇一薄层素水泥浆后安铺面砖，注意平铺时要四角平稳落地。锤击时，不要砸面砖的边角；若垫方木锤击，方木长度不得超过单块面砖的长度，更不要搭在另一块已铺设的面砖上敲击，以免引起空鼓。

⑤ 面砖铺设 24h 后，应洒水养护 1~2 次，以补充水泥砂浆在硬化过程中所需的水分，保证面砖与砂浆粘结牢固。

⑥ 浇缝前应将地面扫净，并把面砖上和拼缝内的松散砂浆用开刀清除掉；灌缝应分几次进行，用长把刮板往缝内刮浆，务必使水泥浆填满缝子和部分边角不实的空隙。灌缝 24h 后再浇水养护，然后覆盖锯末等保护成品并进行养护。养护期间禁止上人踩踏。

2) 饰面砖脱落严重的防治措施

① 在结构施工时，墙应尽可能按清水墙标准做到平整垂直，为饰面施工创造条件。

② 面砖在使用前，必须清洗干净，并隔夜用水浸泡，晾干后（外干内湿）才能使用。用来浸泡的干砖，表面有积灰，砂浆不易粘结，而且由于面砖吸水性强，把砂浆中的水分很快吸收掉，使砂浆与砖的粘结力大为降低；若面砖浸泡后没有晾干，湿面砖表面附水，使贴面砖时产生浮动。这些都能导致面砖空鼓。

③ 粘贴面砖砂浆要饱满，但使用砂浆过多，面砖又不易贴平；如果多敲，会造成浆水集中到面砖底部或溢出，收水后形成空鼓，特别在垛子、阳角处贴面砖时更应注意，否则容易产生阳角处不平直和空鼓，导致面砖脱落。

④ 在面砖粘贴过程中，宜做到一次成活，不宜移动，尤其是砂浆收水后再纠偏挪动，最容易引起空鼓。粘贴砂浆一般可采用 1∶0.2∶2 混合砂浆，并做到配合比准确，砂浆在使用过程中，不要随便掺水和加灰。

⑤ 做好勾缝。勾缝用 1∶1 水泥砂浆，砂过筛；分两次进行，头一遍用一般水泥砂浆勾缝，第二遍按设计要求的色彩配制带色水泥砂浆，勾成凹缝，凹进面砖深度约 3mm。相邻面砖不留缝的拼缝处，应用同面砖相同颜色的水泥浆擦缝，擦缝时对面砖上的残浆必须及时清除，不留痕迹。

3) 墙面乳胶漆开裂较多的防治措施

① 抹灰层应压光无裂缝，如有抹灰层开裂，应对开裂处作相应处理，如凿开开裂处，打湿后用水泥砂浆填补再养护；或者用石膏浆辅以一定量防裂剂填补，然后养护。待基层完全修补之后，在做涂饰基层前进行挂网或者贴绷带处理。

② 面层涂料的硬度过高，应选用韧性较好的面层涂料。

③ 旧墙面在涂饰涂料前应清除疏松的旧装修层，再涂刷界面处理剂。

④ 施工中每遍涂抹不能过厚。

十六、编制、收集、整理质量资料

（一）专业技能概述

工程资料的编制、收集、整理工作是工程施工管理工作中的重要组成部分。施工资料是建筑工程在工程施工过程中形成的资料。包括施工管理资料、施工技术资料、进度造价资料、施工物资资料、施工记录、施工试验记录及检测报告、施工质量验收记录、竣工验收资料共八类。工程资料对于工程质量具有否决权，是工程建设及竣工验收的必备条件，是对工程进行检查、维护、管理、使用、改建、扩建的原始依据。做好工程施工资料管理工作，对保证工程结构安全和使用功能、提高工程质量有着十分重要的意义。工程资料的编制、收集、整理，应做到及时性、真实性、准确性、完整性。

1. 及时性

施工资料是对建筑实体质量情况的真实反映，因此要求各种资料必须按照建筑物施工的进度进行及时编制、收集、整理。如：建筑工程所用钢材、水泥、砖、防水材料等一些重要原材料和构配件的合格证和试验报告要与原材料同步到位；施工方案、技术交底、设计变更等工作必须在施工前进行，所以这些资料收集就要更及时，更全面。其次就是记录资料，最基本的是施工日志，它记录了整个施工生产过程，如果记录不及时，很容易漏记或误记，资料的真实性难以保证。因此，对质量保证资料应逐项跟踪收集，并及时做好分项分部质量评定等各种原始记录，使资料的整理与工程形象进度同步，做到内容连贯、交圈对口。

2. 真实性

真实性是工程质量保证资料的灵魂，资料必须实事求是、客观准确，不要为了取得较高的质量等级而扭曲事实。如：梁板的模板安装检验批验收记录中，基础的截面尺寸偏差值填写 0.1mm，实际上在施工梁板时基础早已经施工完毕，0.1mm 的精度既不能用普通的钢卷尺测量，也不能用肉眼判定。很显然，这份检验批验收记录是闭门造车的结果，失去了真实性。一旦工程出现质量问题，不仅不能作为技术资料使用，反而对工程出现的质量问题进行误判，因此要求工程资料必须填写准确、无误，做到真实性。

3. 准确性

准确性是做好工程资料的核心，工程资料的准确性反映了工程质量的可靠性。例如：混凝土强度评定应明确验收批的概念，应区分不同的分部或施工段，准确运用统计和非统计方法评定。同时在具体计算时，混凝土强度的平均值取一位有效位数，标准差取两位有效位数等，都是为了给工程质量一个客观、真实、准确的评价。

4. 完整性

工程技术资料应具有完整性，要求工程资料不得有缺项或漏项，不完整的资料会导致片面性，不能系统地、全面地了解单位工程的质量状况。完整性是做好工程质量保证资料的基础，完整的资料是日后维修、改建、扩建的有力依据，一个工程的基本资料应包括：法定建设程序资料、施工资料、验收资料等。无论缺少哪部分，都会导致片面性，就不能系统地、全面地反映整个工程的质量状况，因此资料要做到完整性。

专业技能要求：通过学习和工作实践，质检员能及时、准确地收集原材料的质量证明文件、复验报告，编制、整理隐蔽工程验收记录、分项工程、检验批的质量验收检查记录等质量保证资料。

（二）工程案例分析

【案例 16-1】

背景：

某工程为所在地的重点工程，竣工资料列入城建档案馆接收范围。施工总承包单位是某建筑公司，由于该工程幕墙施工难度大、要求高，因此，该建筑公司将幕墙工程分包给某装饰公司。工程于 2018 年 10 月 1 日竣工验收，2019 年 1 月 10 日，建筑公司将该工程的施工资料移交建设单位。

问题：

（1）该工程施工技术竣工档案应由谁上缴城建档案馆？
（2）装饰公司的竣工资料直接交给建设单位是否正确？为什么？
（3）该工程施工总承包单位和分包方装饰公司在工程档案管理方面的职责是什么？
（4）该建筑公司移交资料的时间合理吗？为什么？

分析与解答：

（1）应由建设单位上缴城建档案馆。
（2）不正确。因为按规定装饰公司的竣工资料应先交给施工总承包单位，由施工总承包单位统一汇总后交建设单位，再由建设单位上交到城建档案馆。
（3）总承包单位负责收集、汇总各分包单位形成的工程档案，并应及时向建设单位移交。分包单位应将本单位形成的工程文件整理、立卷后及时移交总承包单位。
（4）不合理。因为对列入城建档案馆接收范围的工程，工程竣工验收后 3 个月内，建设单位需向当地城建档案馆移交一套符合规定的工程档案。因此施工单位应在竣工验收 3 个月内，向建设单位移交本单位形成的、符合规定的工程文件。

【案例 16-2】

背景：

某市行政办公大楼，框架 9 层，有地下停车场，建筑面积 12000m^2，现结构工程已封顶。施工总承包单位是该市第三建筑公司，该公司将二次精装修工程分包给某装饰工程公司，并签订了分包合同。工程承包范围：该工程施工图设计的一般抹灰工程、木门、铝合金窗、轻钢龙骨石膏板顶棚、轻钢龙骨石膏板隔墙、内外墙饰面砖、石材幕墙、天然花岗石及大理石石材地面、涂饰、裱糊与软包、细部工程等。

问题：

（1）质检员如何填写隐蔽工程验收记录？并以轻钢龙骨石膏板顶棚工程为例填写。

（2）根据《建筑工程施工质量验收统一标准》GB 50300—2013，试填写该工程一般抹灰检验批质量验收记录表。

分析与解答：

（1）隐蔽工程验收记录填表要求

1）隐蔽工程验收记录应分专业、分楼层、分施工段、分部位按施工程序进行填写，宜按分项工程检验批填写。

2）"隐检部位"填写隐蔽项目的检查部位或检验批所在部位。

3）"隐检日期"填写验收日期。

4）"主要材料名称及规格/型号"填写本隐蔽工程所需主要材料的情况。

5）"隐检内容"应将隐检验收项目的具体内容描述清楚，内容不应遗漏，记录要齐全。包括位置、标高、材质、品种、规格、数量、焊接接头、防腐、管盒固定、管口处理等，必要时要附图说明。

6）"检查结论"和"复查结论"由监理单位填写，验收意见要明确并下结论。针对第一次验收未通过的要注明质量问题，并提出复查要求。

7）隐蔽工程验收记录上签字、盖章要齐全，参加验收人员要本人签字，见表16-1。

隐蔽工程验收记录（通用） 表16-1

工程名称	××市行政办公大楼	编号	××××		
隐检项目	顶棚（会议室）	隐检日期	××年×月×日		
隐检部位		二层 轴线 ⑧~⑩ 标高+7.20m			

隐检依据：施工图号 结施—10，设计变更/洽商/技术核定单（编号 / ）及有关国家现行标准等。

主要材料名称及规格/型号：$\phi 8$ 钢筋

$\phi 8$ 膨胀螺栓

T形轻钢龙骨，TB24×28

隐检内容：

1. 吊杆采用 $\phi 8$ 钢筋，双向设置，间距1000mm，上部与板底使用 $\phi 8$ 膨胀螺栓固定，长度800mm。

2. 龙骨采用T形轻钢龙骨，型号为TB24×28，中距600mm。

3. 顶棚内各种电线管已安装完毕，喷淋头、烟感探测器已安装完毕。

4. 顶棚内水暖管线已打压试水，未发生渗漏

检查结论：

□同意验收　□不同意验收，修改后复查

复查结论：

复查人：　　　　　　　　　　　　　　　　　　　　　　　　　复查日期：

签字栏	施工单位	××市××装饰工程公司	专业技术负责人 ×××	专业质检员 ××	专业工长 ×××
	监理或建设单位	××市建设工程监理公司	专业工程师	×××	

（2）一般抹灰检验批质量验收记录，见表16-2。

一般抹灰检验批质量验收记录　　表16-2

编号：03020101____

单位（子单位）工程名称	××行政办公大楼	分部（子分部）工程名称	建筑装饰装修/抹灰	分项工程名称	一般抹灰
施工单位	××市第三建筑公司	项目负责人	×××	检验批容量	48间
分包单位	××市××装饰工程公司	分包单位项目负责人	×××	检验批部位	三层室内墙面
施工依据	装饰装修施工方案		验收依据	《建筑装饰装修工程质量验收标准》GB 50210—2018	

		验收项目	设计要求及规范规定		最小/实际抽样数量	检查记录	检查结果
主控项目	1	基层表面	第4.2.1条		5/5	抽查5处，合格5处	100%
	2	材料品种和性能	第4.2.2条			质量证明文件齐全，试验合格，报告编号××××	√
	3	操作要求	第4.2.3条			检验合格，资料齐全	√
	4	层粘结及面层质量	第4.2.4条		5/5	抽查5处，合格5处	100%
一般项目	1	表面质量	第4.2.5条		5/5	抽查5处，合格5处	100%
	2	细部质量	第4.2.6条		5/5	抽查5处，合格5处	100%
	3	层与层间材料要求层总厚度	第4.2.7条		5/5	抽查5处，合格5处	100%
	4	分格缝	第4.2.8条		/	/	
	5	滴水线（槽）	第4.2.9条		/	/	
	6	项目	允许偏差（mm）		最小/实际抽样数量	检查记录	检查结果
			普通抹灰□	高级抹灰□√			
		立面垂直度	4	3	5/5	抽查5处，合格5处	100%
		表面平整度	4	3	5/5	抽查5处，合格4处	80%
		阴阳角方正	4	3	5/5	抽查5处，合格5处	100%
		分格条（缝）直线度	4	3	/	/	
		墙裙、勒脚上口直线度	4	3	/	/	

施工单位检查结果	合格 专业工长：　　　　　　　　　手签 项目专业质量检查员：　　　　　　手签 ××年×月×日
监理单位验收结论	同意验收 专业监理工程师：　　　　　　　　手签 ××年×月×日

参 考 文 献

[1] 本书编委会. 二级建造师——建设工程施工管理 [M]. 北京：中国建筑工业出版社，2012.
[2] 本书编委会. 二级建造师——建筑工程管理与实务 [M]. 北京：中国建筑工业出版社，2012.
[3] 本书编委会. 二级建造师——建设工程法规及相关知识 [M]. 北京：中国建筑工业出版社，2012.
[4] 北京土木建筑学会. 建筑装饰装修工程施工操作手册 [M]. 北京：经济科学出版社，2004.
[5] 北京土木建筑学会. 建筑工程技术交底记录（第一版）[M]. 北京：经济科学出版社，2003.
[6] 建筑装饰工程手册编写组. 建筑装饰工程手册（第一版）[M]. 北京：机械工业出版社，2002.
[7] 陆化来. 建筑装饰基础技能实训 [M]. 北京：高等教育出版社，2002.
[8] 中国建筑工程总公司. 建筑装饰装修工程施工工艺标准（第一版）[M]. 北京：中国建筑工业出版社，2003.
[9] 饶勃. 金属饰面装饰施工手册（第一版）[M]. 北京：中国建筑工业出版社，2005.
[10] 陈世霖. 建筑工程设计施工详细图集装饰工程（4）第一版 [M]. 北京：中国建筑工业出版社，2005.
[11] 王朝熙. 建筑装饰装修施工工艺标准手册 [M]. 北京：中国建筑工业出版社，2004.
[12] 陈晋楚. 建筑装饰施工员必读 [M]. 北京：中国建筑工业出版社，2009.
[13] 朱吉顶. 建筑装饰基本技能实训指导 [M]. 北京：机械工业出版社，2009.